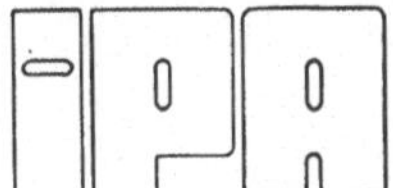

Forschung und Praxis · Band 47

Berichte aus dem Fraunhofer-Institut
für Produktionstechnik und Automatisierung,
Stuttgart, und dem Institut
für Industrielle Fertigung und Fabrikbetrieb
der Universität Stuttgart

Herausgeber: Prof. Dr.-Ing. H. J. Warnecke

Wolf-Dieter Kiessling

Die Abscheidung von Öl an Entlüftungsöffnungen drucklufttechnischer Anlagen

Mit 48 Abbildungen und 3 Tabellen

Springer-Verlag
Berlin Heidelberg New York 1981

Dipl.-Ing. Wolf-Dieter Kiessling
Fraunhofer-Institut für Produktionstechnik und Automatisierung (IPA), Stuttgart

Dr.-Ing. H. J. Warnecke
o. Professor an der Universität Stuttgart
Fraunhofer-Institut für Produktionstechnik und Automatisierung (IPA), Stuttgart

D 93

ISBN-13 : 978-3-540-10604-3
DOI : 10.1007 / 978-3-642-81603-1
e-ISBN-13 : 978-3-642-81603-1

Gesamtherstellung: Drucken + Werben GmbH · Löwenstraße 94 · 7000 Stuttgart 70 · Telefon (07 11) 76 49 59.

2362/3020—543210

Geleitwort des Herausgebers

Die Entwicklungen in der Produktionstechnik in den letzten Jahrzehnten haben entscheidend zur positiven wirtschaftlichen und sozialen Entwicklung in der Bundesrepublik Deutschland beigetragen. Die Produktivität konnte jedes Jahr um durchschnittlich etwa 3,5 % gesteigert werden. Mechanisierung und Automatisierung wurden und werden stetig weiter vorangetrieben. Während es sich bisher jedoch um Verbesserungen an einzelnen Maschinen und Anlagen sowie Verfahren handelte, werden heute alle Unternehmensbereiche erfaßt, und man ist bemüht, das gesamte System Unternehmen bzw. Produktionsbetrieb zu optimieren. Das klassische Bemühen um Optimierung des Einsatzes und Zusammenwirkens der Produktionsfaktoren Mensch, Maschine und Material muß heute erweitert werden um die Berücksichtigung sozialer Belange, gesetzlicher Auflagen, Probleme der Energieversorgung, schnellen Veränderungen an den Produkten und auf den Märkten sowie Sicherung der Qualität und der Lieferfähigkeit.

Von wissenschaftlicher Seite wird und muß dieses Bemühen unterstützt werden durch die Entwicklung von Methoden und Vorgehensweisen zur systematischen Analyse und Verbesserung des Systems Produktionsbetrieb. Hier ist heute insbesondere auch der Fertigungsingenieur gefordert, nicht nur einzelne Maschinen und Verfahren zu beherrschen, sondern das gesamte komplexe System hinsichtlich der Verknüpfung seiner Elemente durch zweckmäßigen Informations- und Materialfluß. Beispielhaft seien dazu nur hinsichtlich des Informationsflusses die heute gegebenen Möglichkeiten der Datenerfassung und -verarbeitung in Fertigungsplanung und -steuerung, an den einzelnen

Produktionsanlagen sowie im Qualitätswesen genannt. Im Materialfluß geht es um richtige Auswahl und Einsatz von Fördermitteln, Förderhilfsmitteln sowie Anordnung und Ausstattung von Lägern. Der weiteren Automatisierung in der Handhabung von Werkstücken und Werkzeugen sowie der Montage von Produkten wird in nächster Zukunft allergrößte Aufmerksamkeit geschenkt werden. Leistungsfähige Sensoren werden die Möglichkeiten dafür sehr stark vergrößern.

Die beiden vom Herausgeber geleiteten Institute, das Institut für Industrielle Fertigung und Fabrikbetrieb der Universität Stuttgart sowie das Fraunhofer-Institut für Produktionstechnik und Automatisierung in Stuttgart, arbeiten in grundlegender und angewandter Forschung intensiv an den aufgezeigten Entwicklungen in der Produktionstechnik mit. Zur Umsetzung gewonnener Erkenntnisse wird die Schriftenreihe "IPA Forschung und Praxis" herausgegeben. Der vorliegende Band setzt diese Reihe fort, eine Übersicht über bisher erschienene Titel wird am Schluß dieses Bandes gegeben.

Dem Verfasser sei für die geleistete Arbeit gedankt, dem Springer-Verlag für die Aufnahme dieser Schriftenreihe in seine Angebotspalette und der Druckerei für saubere und zügige Ausführung. Möge das Buch von der Fachwelt gut aufgenommen werden.

Hans-Jürgen Warnecke

Vorwort

Das vorliegende Buch entstand während meiner Tätigkeit als wissenschaftlicher Mitarbeiter am Fraunhofer-Institut für Produktionstechnik und Automatisierung (IPA), Stuttgart.

Herrn Professor Dr.-Ing. H. J. Warnecke danke ich für seine wohlwollende Unterstützung und Förderung meiner Arbeit.

Mein Dank gilt in gleicher Weise Herrn Professor Dr.- Ing. C. Alt für die Durchsicht der Arbeit und die Übernahme des Mitberichts.

Ferner danke ich allen Kollegen, die mich durch ihre Mitarbeit und anregende Kritik unterstützt haben. Mein besonderer Dank gilt Herrn Dr.-Ing. R. J. Köhnlechner für seine stete Diskussionsbereitschaft und Herrn G. Breitschwerdt für die Durchführung der experimentellen Untersuchungen.

Stuttgart 1980 Wolf-Dieter Kiessling

Inhaltsverzeichnis

Seite

Seite

Abkürzungen und Formelzeichen

Zeichen	SI-Einheit	weitere verwendete Einheit	
A	m^2	mm^2	freie Drallkörperfläche
A_D	m^2	mm^2	freie Rohrfläche
A_h	m^2	mm^2	freie Spaltfläche
a	m	mm	Düsendurchmesser
b	m	mm	Höhe einer Schlitzdüse
c	kg/kg		Massenkonzentration
c'	kg/kg		scheinbare Massenkonzentration
c_{pm}	kg/m^3	mg/m^3	Aerosol-Massendichte
c_o	kg/kg		Standard-Massenkonzentration
c_v	m^3/m^3		Volumenkonzentration
D	m	mm	Durchmesser eines kreisrunden Rohrs
D_F	m	mm	Durchmesser einer Faserfilterronde
D_K	m	mm	Kerndurchmesser eines Drallkörpers
D_S	m	mm	Scheibendurchmesser der Zerstäubereinheit
D_Z	m	mm	Innendurchmesser eines Druckluftzylinders
D_i	m	mm	Innendurchmesser des Tauchrohrs
$\bar{D}$	m	mm	mittlerer freier Drallkörperdurchmesser
d_p	m	µm	geometrischer Teilchendurchmesser
d_{pae}	m	µm	aerodynamischer Teilchendurchmesser
d_{pmax}	m	µm	häufigster Teilchendurchmesser einer Anzahlverteilungsdichte
d_{p50}	m	µm	theoretischer Grenzteilchendurchmesser
$\bar{d}_p$	m	µm	gew. arith. Mittelwert einer Anzahlverteilungsdichte
$\bar{d}_{pi}$	m	µm	arith. Mittelwert der Teilchendurchmesserklasse i
$\bar{d}_{ps}$	m	µm	Sauterdurchmesser
$\tilde{d}_p$	m	µm	Median einer Anzahlverteilungsdichte

Zeichen	SI-Einheit	weitere verwendete Einheit	
e	m	mm	Rundungshalbmesser eines Wandölfilmabscheider-Zwischenstücks
f	s^{-1}		Frequenz
h	m	mm	Spaltbreite
i			Index einer Teilchenklasse
j			imaginäre Einheit
k			Index der letzten Teilchenklasse
LN			logarithmische Normalverteilung
L_Z	m	mm	Hublänge eines Kolbens
l	m	mm	Länge (allgemein)
l_d	m	mm	Drallkörperlänge
l_i	m	mm	Länge einer Drallstrecke
l_o	m	mm	Länge eines Abscheiderohrs
m_F	kg	mg	Masse eines Wandölfilms
m_N	kg	mg	Masse von Ölnebel
$\dot{m}_F$	kg/s	mg/s	Massenstrom einer Flüssigkeit
$\dot{m}_{FD}$	kg/s	mg/s	Massenstrom eines Filmes in einem kreisrunden Rohr des Durchmessers D
$\dot{m}_{Fh}$	kg/s	mg/s	Massenstrom eines Films in einem Spalt der Breite h
$\dot{m}_{Öl}$	kg/s	mg/s	Massenstrom Öl (Ölfördermenge)
$m'_{Öl}$	kg/m	mg/m	Ölbelag
m_i	kg		Masse aller Teilchen in einer Klasse i
N	1		Teilchenanzahl oder Impulsanzahl
N_i	1		Teilchenanzahl oder Impulsanzahl in einer Klasse i
n	1		Exponent einer Drallströmung
n_p	1		komplexe Brechzahl eines Teilchens
$n_{p,Re}$	1		Realteil der komplexen Brechzahl eines Teilchens
$n_{p,Im}$	1		Imaginärteil der komplexen Brechzahl eines Teilchens
n_s	s^{-1}		Drehzahl der Zerstäubereinheit
p	Pa	bar	statischer Druck (allgemein)
p_C	Pa	bar	statischer Druck in der Arbeitsleitung eines Zylinders

Zeichen	SI-Einheit	weitere verwendete Einheit	
p_S	Pa	bar	statischer Druck an der Entlüftungsöffnung eines Wegeventils
p_e	Pa	bar	Versorgungsdruck, Netzdruck
p_{amb}	Pa	bar	statischer Umgebungsdruck*
Δp_d	Pa	bar	Druckverlust von Drallkörper und Drallstrecke
Q_o			Anzahlsummenverteilung
Q_2			Oberflächensummenverteilung
Q_3			Volumensummenverteilung
Q_r			Summenverteilung (allgemein) r = 1,2,3
q_o			Anzahlverteilungsdichte
q_2			Oberflächenverteilungsdichte
q_3			Volumenverteilungsdichte
q_r			Verteilungsdichte (allgemein) r = 1,2,3
R	m	mm	Radius (allgemein)
RRSB			Rosin-Rammler-Sperling-Benett-Verteilung
$Re_{F\delta}$			Reynoldszahl eines Films (charakteristische Länge = Filmdicke δ)
Re_{LD}			Reynoldszahl einer Luftströmung in einem kreisrunden Rohr (charakteristische Länge = Durchmesser D)
Re_p			Reynoldszahl eines Aerosolteilchens (charakteristische Länge = geometrischer Teilchendurchmesser d_p)
r	m	mm	Variable (Abstand eines Stromfadens von der Strömungsachse)
r_i	m	mm	Übergangsradius, Tauchrohrradius
s	m	mm	Fangrohrabstand
T	K		absolute Temperatur
t	s	min	Versuchszeit, Expositionszeit
U_D	m	mm	innerer Umfang eines kreisrunden Rohrs des Durchmessers D
U_{ph}	V		Photovervielfacher-Ausgangsspannung
U_{bG}	V		Photovervielfacher-Betriebsspannung
u	m/s		Luftgeschwindigkeit (allgemein)

Zeichen	SI-Einheit	weitere verwendete Einheit	
u_t	m/s		Tangentialgeschwindigkeit
u_{to}	m/s		Tangentialgeschwindigkeit an der Rohrwand (r = D/2)
u_{ti}	m/s		Tangentialgeschwindigkeit am Übergangsradius ($r = r_i$)
$\bar{u}_D$	m/s		mittlere Geschwindigkeit durch ein kreisrundes Rohr des Durchmessers D
$\bar{u}_d$	m/s		mittlere Geschwindigkeit durch die freien Drallkörperflächen
$\bar{u}_h$	m/s		mittlere Geschwindigkeit durch einen Spalt der Breite h
$\bar{u}_i$	m/s		mittlere Geschwindigkeit im Tauchrohr
$\bar{u}_s$	m/s		mittlere Düsenaustrittsgeschwindigkeit
V	m^3	l (dm^3)	geometrisches Volumen (allgemein)
V_p	m^3		Teilchenvolumen
$\dot{V}_F$	m^3/s		Volumenstrom einer Flüssigkeit
$\dot{V}_{FD}$	m^3/s		Volumenstrom eines Flüssigkeitsfilms durch ein kreisrundes Rohr
$\dot{V}_{Fh}$	m^3/s		Volumenstrom eines Flüssigkeitsfilms durch einen Spalt
$\dot{V}_{FS}$	m^3/s	l/s	Flüssigkeits-Volumenstrom durch die Düse der Zerstäubereinheit
$\dot{V}_L$	m^3/s	l/s	Luft-Volumenstrom*
$\dot{V}_{LD}$	m^3/s	l/s	Luft-Volumenstrom durch ein kreisrundes Rohr des Durchmessers D*
$\dot{V}_{Lh}$	m^3/s	l/s	Luft-Volumenstrom durch einen Spalt der Breite h*
$\dot{V}_{LS}$	m^3/s	l/s	Luft-Volumenstrom durch die Zerstäubereinheit*
$\dot{V}_{LV}$	m^3/s	l/s	Verdünnungsluft-Volumenstrom*
v	m/s		Teilchengeschwindigkeit (allgemein)
v_q	m/s		Senkenströmungsgeschwindigkeit beim Drallabscheider
v_{qr}	m/s		Relativgeschwindigkeit zwischen Teilchen und Luft bei überlagerten Strömungen
v_r	m/s		Relativgeschwindigkeit zwischen Teilchen und Luft

Zeichen	SI-Einheit	weitere verwendete Einheit	
v_s	m/s	mm/s	Sinkgeschwindigkeit eines Teilchens in ruhender Luft
W	N		Widerstandskraft
$\bar{w}$	m/s		mittlere Kolbengeschwindigkeit
x	m		Variable (axialer Abstand in einem Rohr)
Z	N		Zentrifugalkraft
α	rad	grd	halber Öffnungswinkel eines Wandölfilm-Abscheidereinsatzes
β	rad	grd	halber Öffnungswinkel eines Wandölfilm-Fangrohraufsatzes
γ	rad	grd	halber Öffnungswinkel des Filterhalters
δ	m	µm	Filmdicke (allgemein)
δ_D	m	µm	Filmdicke im kreisrunden Rohr
δ_h	m	µm	Filmdicke im Spalt
$\bar{\delta}_D$	m	µm	mittlere Filmdicke im kreisrunden Rohr
ε	kg/kg		Abscheidewirkungsgrad (allgemein)
ε_F	kg/kg		Abscheidewirkungsgrad eines Wandölfilms
ε_{Ges}	kg/kg		Gesamtabscheidewirkungsgrad von Öl
ε_N	kg/kg		Abscheidewirkungsgrad von Ölnebel
ε_{Ni}	kg/kg		Stufenentstaubungsgrad
ζ	1		Reibungsbeiwert (allgemein)
ζ_D	1		Reibungswert eines Rohrs
ζ_h	1		Reibungswert eines Spalts
η_F	Ns/m^2		dynamische Viskosität einer Flüssigkeit
η_L	Ns/m^2		dynamische Viskosität der Luft
κ	1		Korrekturfaktor des Drallkörpereinlaufs (nach Muschelknautz)
λ	m	nm	Lichtwellenlänge
ρ	kg/m^3		Dichte (allgemein)
ρ_{amb}	kg/m^3		Dichte der Luft bei Umgebungsbedingungen*

Zeichen	SI-Einheit	weitere verwendete Einheit	
δ_F	kg/m³		Dichte einer Flüssigkeit
δ_G	kg/m³		Dichte der Luft (bei Betriebszustand)
σ_F	N/m		Oberflächenspannung einer Flüssigkeit
τ_o	N/m³		Wandschubspannung
Φ	lm		Streulichtstrom
Φ_o	lm		Lichtstrom
φ	rad	grd	Drallkörper-Steigungswinkel
χ^2	1		Variable der "Chi-Quadrat-Verteilung"
ψ	rad	grd	Winkel zwischen Teilchenbahn und Stromlinie
ω	rad	grd	Streulichtstromwinkel

* bei Umgebungsbedingungen:

abs. Temperatur : T = 293,15 K

Druck : p_{amb} = 1,013 bar

1 Einführung

1.1 Emissionen aus drucklufttechnischen Anlagen

Aus Entlüftungsöffnungen drucklufttechnischer Anlagen dringen Fremdstoffe in die Arbeitsraumluft. Dabei handelt es sich größtenteils um Restkompressorenöl (aufgrund unvollständiger Vorfilterung) und um Öl, das dem Verbraucher zur Schmierung, zum Beispiel durch Nebel- oder Impulsöler, zugeführt wird /1,2,3/. Weitere Fremdstoffe sind durch den Verdichter angesaugter Staub, Rost aus dem Druckluftnetz sowie Dichtungsabrieb und Festschmierstoffpartikel aus Ventilen und Druckluftantrieben /4/.

Öl tritt aus den Entlüftungsöffnungen als Film, Tropfen (Spritzer) und Nebel aus. Die dadurch entstehende Verschmutzung der Umgebung einer drucklufttechnischen Anlage kann zur Unfallgefahr werden. Der Ölnebel wird als Bestandteil der Arbeitsraumluft zum Teil durch das Personal eingeatmet.

Über die Wirkung von Ölnebel auf den menschlichen Organismus liegen bisher nur wenige gesicherte Erkenntnisse vor. Dies ist darauf zurückzuführen, daß die als Schmierstoff verwendeten Öle aus einer mineralischen oder synthetischen Ölgrundsubstanz bestehen, der verschiedene Zusatzstoffe (Additive) beigegeben sind. Die Vielzahl der eingesetzten Schmierstoffrezepturen erschwert eine Beurteilung im Hinblick auf eine mögliche Schädigung.

Systematische Untersuchungen mit Weißölen (Mineralöle ohne Additivierung) an Kleintieren haben gezeigt, daß schwerwiegende Schäden erst bei hohen Ölnebelkonzentrationen auftreten /5/. So kann man bei Konzentrationen um 100 mg Ölnebel pro Kubikmeter Raumluft Schäden in Form von Hauttumoren nachweisen. Diese Ergebnisse haben in den USA zur Einführung eines Grenzwertes am Arbeitsplatz geführt, der bei 5 mg Ölnebel pro Kubikmeter Raumluft liegt.

Weitere Untersuchungen und Einzelfallstudien lassen vermuten, daß Schädigungen durch industriell eingesetzte Schmierstoffe, die als Ölnebel inhaliert werden, möglich sind /6,7/. Neuere Untersuchungen mit Mineralölen zeigen, daß bei Kleintieren zumindest ein Fremdstoffwechsel stattfindet, der zu Schädigungen führen kann /8/. Eine arbeitsmedizinische Erhebung bei ölnebelexponierten Personen in Industriebetrieben brachte dagegen keine eindeutige Aussage über die schädigende Wirkung von Mineralölnebeln /9/.

Eine weitere Belastung der Umwelt erfolgt durch den an Entlüftungsöffnungen drucklufttechnischer Anlagen entstehenden Lärm. Dieser Lärm tritt als Dauergeräusch bei rotierenden Druckluftantrieben oder impulsartig bei der Entlüftung von Druckluftzylindern auf /10/. Seine schädigende Wirkung ist bekannt und wird in verschiedenen Arbeiten untersucht /11,12/.

1.2 Maßnahmen zur Verminderung der Umweltbelastung in der Umgebung drucklufttechnischer Anlagen

Einen Überblick über die Emissionen bei drucklufttechnischen Anlagen und die prinzipiellen Möglichkeiten zur Beseitigung bzw. Einschränkung der potentiell schädigenden Wirkungen gibt Tabelle 1.

	Lärm		Fremdstoffe		
Art der Emission	-Geräusche an Ventilen und Zylindern (z. B. "Schaltgeräusche")	-Entlüftungsgeräusche an Ventilen	-Öl (als Film, Spritzer, Nebel und Dampf) -Öl-Wasser-Emulsionen	-Wasser (als Film, Spritzer, Nebel)	-Staub, Abrieb, Festschmierstoffe
Quelle bzw. Ursache	-Schnelles Abbremsen bewegter Teile	-Auftreffen der Abluft auf ruhende Umgebungsluft -Strömungsgeräusche im Ventil	-Kompressorenöl -Schmierstoff aus Druckluftölern	-Durch Abkühlen der Druckluft kondensierter Wasserdampf	-Angesaugter und nicht ausgefilterter Staub -Verunreinigungen des Druckluftnetzes (Rost) -Abrieb von Dichtungen -Abgelöste Festschmierstoffpartikel
Verhinderung der Entstehung	-Dämpfung mechanischer Bewegungen (z. B. "Endlagendämpfung")	-Großer Entlüftungsquerschnitt -Strömungsgünstige Luftführung im Ventil	-Vorfilterung der Druckluft -Einsatz schmierungsfreier Druckluftgeräte	-Drucklufttrocknung -Wasserabscheidung	-Vorfilterung der Druckluft -Einsatz trockenlaufender Druckluftgeräte mit besonderen Dichtungen
Beseitigung	-Kapselung (Unterbringung von Ventilen im Schaltschrank)	-Ins Ventil integrierter Schalldämpfer -Nachgeschalteter Abluftschalldämpfer	-Nachgeschaltete Filter	-Filter - Kondensat - Abscheider	-Nachgeschaltete Filter
		-Abluftfassung mit nachgeschaltetem Filterschalldämpfer			
		-Filterschalldämpfer an der Abluftöffnung von Druckluftventilen			

(schattiert:) Geräte, die in der vorliegenden Arbeit näher untersucht werden.

Tabelle 1: Entstehung und Beseitigung von Emissionen bei drucklufttechnischen Anlagen

Zur Minderung des Ausströmgeräusches können die Entlüftungsöffnungen drucklufttechnischer Anlagen mit Schalldämpfern bestückt werden. Derartige Schalldämpfer sind häufig als Drosselschalldämpfer ausgeführt, die eine Verringerung der Luftaustrittsgeschwindigkeit und eine Vergrößerung der Luftaustrittsfläche bewirken /13/. Einschraubschalldämpfer sind nicht zur Abscheidung von Fremdstoffen geeignet. In vielen Fällen wird sogar eine zusätzliche Zerstäubung des Öls durch die porösen Schalldämpferkörper verursacht und damit die Belastung der Umwelt durch teilchenförmige Verunreinigungen erhöht.

Die in Wartungseinheiten eingesetzten Filter eignen sich grundsätzlich auch für die Abscheidung von Fremdstoffen an Entlüftungsöffnungen. Wegen ihrer Baugröße und ihres Preises ist es nicht möglich, sie direkt an Entlüftungsöffnungen von Ventilen einzusetzen. Das gleiche gilt für käufliche Filterschalldämpfer. Sie bestehen aus einem porösen Körper (Faser- oder Sintermaterial), der von der austretenden Luft durchströmt wird, und einem Ölauffangbehälter /14,15/. Es gibt ferner Geräte, bei denen verschiedene Filter- und Schalldämpferkörper hintereinander geschaltet sind.

Die Verwendung solcher Filterschalldämpfer besitzt Nachteile, so daß der industrielle Einsatz bisher beschränkt ist:

- Die Zusammenfassung von Entlüftungsöffnungen über Abluftleitungen erfordert einen zusätzlichen gerätetechnischen Aufwand.
- Bei der Entlüftung eines Anlagenteils kann es zu Störungen eines benachbarten Anlagenteils kommen, wenn dessen Entlüftungsöffnungen an derselben Abluftsammelleitung angeschlossen sind.
- Durch Anheben des Druckniveaus an der Entlüftungsöffnung eines Anlagenteils durch Nachschalten eines zu hohen drucklufttechnischen Widerstandes kann es zu einer Fehlfunktion kommen. Diese Gefahr erhöht sich, wenn sich das poröse Material des Filterschalldämpfers durch Verschmutzung zusetzt. Gleiches gilt für einfache Schalldämpfer aus porösem Material.

Bild 1 zeigt eine einfache Druckluftsteuerung, bei der die Abluft gefaßt und einem Filterschalldämpfer zugeführt wird.

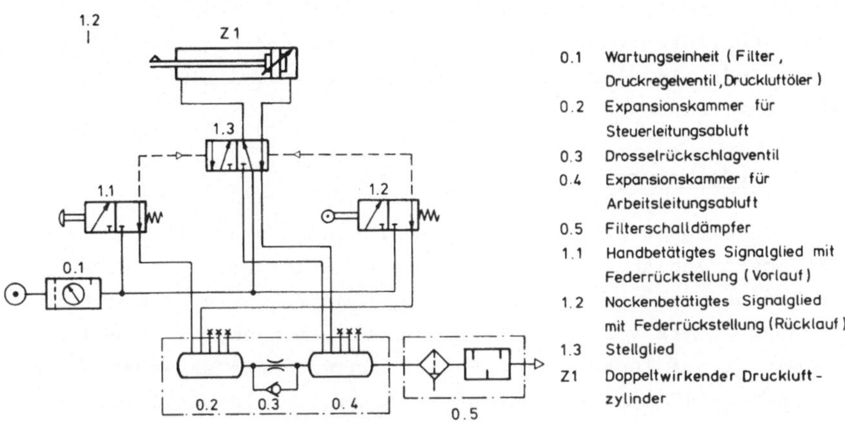

Bild 1: Beispiel einer einfachen Druckluftsteuerung mit Abluftfassung über ein "Schalldämpfervorschaltgerät"

Um Fehlfunktionen der Ventile zu vermeiden, wird die aus den Steuerleitungen kommende Abluft und die Abluft des Zylinders in zwei Expansionskammern 0.2 und 0.4 gefaßt (Schalldämpfervorschaltgerät) /16/. Ein Drosselrückschlagventil 0.3 zwischen beiden Kammern verhindert eine Luftströmung von Kammer 0.4, in dem die Zylinderabluft gefaßt wird, zu Kammer 0.2 für die Steuerleitungsabluft. Dagegen ist ein Abströmen der Steuerleitungsabluft zum Filterschalldämpfer möglich, sofern kein Gegendruck vorhanden ist. Eine Drossel mit kleiner freier Öffnung ermöglicht einen Druckausgleich bei geringen Druckunterschieden, bei denen das Rückschlagventil nicht öffnet.

Dieses Gerät kann nur für impulsförmige Entlüftungen drucklufttechnischer Geräte eingesetzt werden, während es z.B. bei der Entlüftung kontinuierlich arbeitender Antriebe versagt. Ferner ist eine Fehlfunktion von Teilen der drucklufttechnischen Anlage durch Rückstau nicht auszuschließen.

Wegen der oben angeführten Nachteile von Abluftsammelleitungen mit nachgeschalteten Filterschalldämpfern ergibt sich die Forderung nach Filterschalldämpfern, die direkt in die Entlüftungsöffnungen von Ventilen einschraubbar sind. Derartige Geräte, die neben der Schalldämpfung auch die Abscheidung der Fremdstoffe, die die Druckluft mit sich führt, verwirklichen, sind bisher nicht bekannt geworden.

1.3 Aufgabenstellung und Vorgehensweise

In der vorgelegten Arbeit werden Untersuchungen zur Abscheidung von Fremdstoffen an Entlüftungsöffnungen drucklufttechnischer Anlagen beschrieben und ein Konzept zur konstruktiven Entwicklung eines Abscheiders vorgestellt. Die Untersuchungen beziehen sich beispielhaft auf instationäre Entlüftungsvorgänge an Wegeventilen der Nenngröße 12 mm (Anschlußmaß R 1/2"), die als Stellglieder für Druckluftzylinder eingesetzt sind.

Aufgrund der Ausführungen in Abschnitt 1.2 ergeben sich für einen Abscheider folgende Anforderungen:

a) Direkte Einschraubbarkeit in die Entlüftungsöffnungen drucklufttechnischer Anlagen

Damit werden Rückwirkungen auf das Bewegungsverhalten von vorgeschalteten Ventilen bzw. Druckluftantrieben durch Entlüftungsvorgänge benachbarter Druckluftgeräte vermieden. Aufgrund des genormten Lochabstandes von Eingängen und Ausgängen bei Wegeventilen /17/ ist damit der größte Durchmesser senkrecht zur Einschraubachse bei Wegeventilen mit dem Anschlußmaß R 1/2" auf 40 mm festgelegt.

b) Verzicht auf poröse Materialien im Bereich der Strömung

Da als Fremdstoffe aus Abluftöffnungen nicht nur Öl, sondern in geringerem Umfang auch Festkörper-Aerosole (z.B. Staub) und Wasser auftreten, kann es in Strömungsquerschnitten mit kleinen Abmessungen zu Querschnittsverengungen kommen. Ursachen hierfür sind z.B. die Agglomeration von Feststoffteilchen, wobei das Öl als Bindemittel wirkt, oder die Verseifung des Öls in Verbindung mit Wasser.

c) Minimaler Druckverlust im Abscheider

Die Ausströmgeschwindigkeit der Druckluft aus den Entlüftungsöffnungen drucklufttechnischer Anlagen wirkt sich direkt auf die Schaltzeit von Ventilen und die Geschwindigkeit von Motoren (translatorische und rotatorische Antriebe) aus. Da in vielen Fällen eine kurze Schaltzeit bzw. eine hohe Geschwindigkeit angestrebt wird, muß das Ausströmen der Druckluft möglichst ungestört sein.

d) Maximaler Abscheidewirkungsgrad bezüglich des auftretenden Öls

Öl tritt als hauptsächlicher Fremdstoff an den Entlüftungsöffnungen drucklufttechnischer Anlagen auf. Die Abscheidung kann also in Bezug auf Öl untersucht und optimiert werden. Dabei kommt dieses Öl in Form eines zusammenhängenden Ölfilms, als Aerosol (Ölnebel) und möglicherweise als Dampf (Gas) vor. Ferner sollen andere Fremdstoffe abgeschieden werden oder zumindest die Abscheidung des Öls nicht beeinträchtigen.

Der erzielte Abscheidewirkungsgrad ist weitgehend unabhängig von der Expositionszeit beizubehalten, ohne daß eine z.B. für poröse Filtermaterialien typische Erhöhung des Druckverlustes in Abhängigkeit von der Expositionszeit stattfindet.

e) Verträglichkeit des Abscheiders mit einem nachgeschalteten Schalldämpfer

In Vorversuchen wurde festgestellt, daß eine Integration der Funktionseinheit "Abscheider" und "Ausströmschalldämpfer" unter Beachtung der maximal zulässigen Abmessungen nicht möglich ist /18/ (vergl. a). Beim Gesamtkonzept zur Entwicklung eines Filterschalldämpfers wird deshalb von einer Hintereinanderschaltung dieser beiden Funktionseinheiten ausgegangen. Der Abscheider ist so auszulegen, daß die Nachschaltung eines Ausströmschalldämpfers möglich ist und der Abscheider selbst keine zusätzliche Lärmquelle darstellt.

f) Einfacher konstruktiver Aufbau ohne Einsatz von Hilfsstoffen bzw. Hilfsenergien

Im Hinblick auf einen wirtschaftlichen Einsatz des Abscheiders ist ein einfacher Gesamtaufbau anzustreben.

g) Wartungsfreier Betrieb

Die Lebensdauer des Abscheiders soll nicht kleiner sein als die Lebensdauer des damit bestückten Gerätes. Innerhalb dieser Lebensdauer soll eine Wartung, z.B. durch Austausch von Teilen des Abscheiders, nicht erforderlich werden.

In der vorgelegten Arbeit werden folgende Untersuchungen beschrieben:

- Bestimmung der Fremdstoff-Emissionen aus den Entlüftungsöffnungen eines Wegeventils bei typischen Betriebszuständen einer drucklufttechnischen Anlage.
- Untersuchungen zur Abscheidung eines Ölfilms durch Spalte in einem kreisrunden Rohr.
- Untersuchungen zur Abscheidung von Ölnebel durch Drallströmungen in einem kreisrunden Rohr.
- Untersuchungen zur Ölabscheidung (Ölfilm, Ölnebel) in einem kombinierten Versuchsmodell an einer drucklufttechnischen Anlage ("Einzylindersteuerung").
- Untersuchungen zur Ölabscheidung am Prototyp eines Ölabscheiders für drucklufttechnische Anlagen.

Da grundlegende Untersuchungen zur Ölabscheidung an einer drucklufttechnischen Anlage nicht möglich sind (vergleiche Abschnitt 3), wird als Voraussetzung für die o.g. Untersuchungen ein Versuchsstand zur reproduzierbaren Erzeugung von Ölfilmen und Ölnebel gebaut.

2 Meßtechnische Grundlagen

2.1 Anforderungen an die Meßtechnik zum Nachweis des aus Entlüftungsöffnungen austretenden Öls

Aus Entlüftungsöffnungen von Druckluftventilen tritt Öl als zusammenhängender Film und als Nebel aus. Wie in Abschnitt 4.3.2 gezeigt wird, ist Öl in der Dampfphase nicht nachzuweisen.

Neben der Masse der beiden vorkommenden Phasen ist die Teilchengrößenverteilung des Nebels von Einfluß auf die Ölabscheidung. Im Rahmen der Untersuchungen sind damit zwei Meßaufgaben zu erfüllen: Bestimmung der Masse kleiner Ölmengen, die sich auf Versuchsmodellteilen befinden, und Messung der Teilchengrößenverteilung des Ölnebels.

2.2 Bestimmung kleiner Ölmengen

Zur Bestimmung von auf Versuchsmodellteilen niedergeschlagenen Ölmengen wird folgendes Verfahren verwendet /19/:

- Abwaschen des Versuchsmodellteils mit einer definierten Menge eines organischen Lösemittels. Als Lösemittel wird für alle Versuche Essigsäureäthylester verwendet.
- Bestimmung der Lösungskonzentration. Als Analysegerät wird ein Fluoreszenzphotometer eingesetzt. Anregungslichtquelle ist eine Quecksilberdampflampe, aus deren Spektrum ein Wellenlängenbereich $405\ \text{nm} \leq \lambda \leq 436\ \text{nm}$ ausgefiltert wird. Als Standard werden Vergleichslösungen mit bekannter Konzentration c_o (Auswiegen auf einer Analysenwaage) verwendet.

Bild 2 gibt die Einmeßkurven für 2 Vergleichslösungen wieder. Die Kurven besitzen bis zu einer Konzentration $c < 10^{-2}$ linearen Verlauf. Oberhalb dieser Konzentration gehen sie infolge von Fluoreszenzlöschungseffekten in eine "Sättigung" über. Bei den Untersuchungen werden Vergleichslösungen mit einer Konzentration c_o unterhalb der Grenzkonzentration verwendet. Die Konzentration c der Meßlösungen ist kleiner als die Standardkonzentrationen c_o. Falls erforderlich, wird das durch Verdünnung der Meßlösung um einen bekannten Faktor erreicht. Es ist damit für alle Messungen die am Fluoreszenzphotometer abgelesene (scheinbare) Konzentration c' gleich der tatsächlichen Konzentration c.

Die Berechnung der auf dem Versuchsmodellteil abgeschiedenen Ölmasse aus dem Analysewert c erfolgt mit einem programmierbaren Tischrechner.

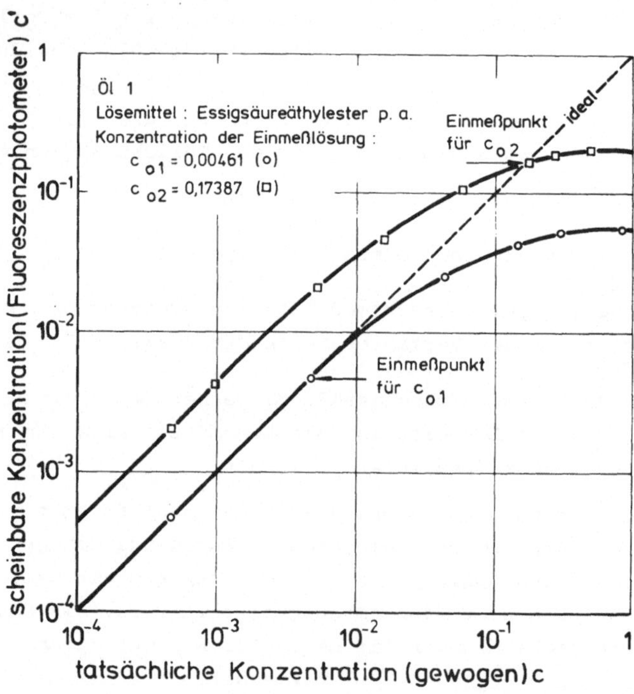

Bild 2: Einmeßkurven zum Fluoreszenzphotometer bei 2 Vergleichslösungen $c_{o\,1}$ und $c_{o\,2}$

2.3 Messungen der Teilchengrößenverteilung von Ölnebel

2.3.1 Grundlagen der Streulicht-Teilchengrößenmessung

Für die Messung der Teilchengrößenverteilung von Aerosolen mit Teilchendurchmessern $d_p < 15$ µm werden verschiedene Verfahren eingesetzt, die nach unterschiedlichen physikalischen Gesetzmäßigkeiten arbeiten. Eine systematische Übersicht über die heute verwendeten Meßmethoden ist beispielsweise bei /20,21/ zu finden.

Für die im Rahmen der vorgelegten Arbeit durchgeführten Untersuchungen wird die Methode der Streulicht-Teilchengrößenmessung verwendet. Sie zeichnet sich dadurch aus, daß die Messung am Einzelteilchen ohne vorherige Präparation direkt im Aerosolstrom vorgenommen wird.

Das Teilchen wird von einer Lichtquelle mit dem Streulichtstrom Φ_o beleuchtet. Es sendet unter einem Winkel ω einen Streulichtstrom Φ aus, der bei der Beleuchtung eines kugelförmigen Teilchens mit Durchmesser d_p mit nichtpolarisiertem Licht der Wellenlänge λ durch die Funktion

$$\frac{\Phi}{\Phi_o} = \frac{\Phi}{\Phi_o}\left(\omega, d_p, \lambda, n_p(\lambda)\right) \qquad (1)$$

beschrieben wird. $n_p(\lambda)$ ist die komplexe Brechzahl des Teilchens.

Die erste umfassende Theorie über die Lichtstreuung eines kugelförmigen Teilchens wird von Mie /22/ angegeben. Eine geschlossene mathematische Beschreibung der Funktion (1) ist nicht möglich. Es werden jedoch mehrfach numerische Lösungen für Spezialfälle angegeben. Insbesondere seien aus neuerer Zeit die Arbeiten von Broßmann /23/ und Quenzel /24/ angeführt.

Das zur Verfügung stehende Gerät besitzt eine "Rechtwinkeloptik", d.h. der vom Teilchen kommende Streulichtstrom Φ wird unter einem Winkel $\omega = 90°$ (zur Achse des einfallenden Lichts) mit einem Photovervielfacher gemessen. Lichtquelle ist eine "weiße" Halogenlampe. Über die Vorteile dieser Anordnung hat insbesondere Broßmann eingehende Überlegungen angestellt /23/. Die gerätespezifischen Eigenschaften des eingesetzten Streulicht-Teilchengrößenmeßgeräts sind /25/ zu entnehmen. Eine ähnliche Geräteanordnung wird bereits von Sittel /26/ zur Messung der Teilchengrößenverteilung in Ölnebelströmungen verwendet.

Unter Berücksichtigung der Gleichung (1) ergibt sich, daß nach Festlegung der Geräteparameter als abhängige Variable nur noch die komplexe Brechzahl n_p sowie der Teilchendurchmesser d_p auftreten. Der Realteil $n_{p,Re}$ der komplexen Brechzahl $n_p = n_{p,Re} + j \cdot n_{p,Im}$ berücksichtigt die Lichtbrechung, während der Imaginärteil $n_{p,Im}$ den Anteil der Absorption des Lichts beschreibt. Quenzel /23/ errechnet für Aerosolpartikel mit unterschiedlichen Brechzahlen n_p den Streulichtstrom Φ von Partikeln in Abhängigkeit vom Teilchendurchmesser d_p für ein Streulicht-Meßsystem, das ähnliche Gerätekennwerte aufweist, wie das im Rahmen dieser Untersuchungen verwendete. Im Durchmesserbereich $0{,}1\ \mu m \leq d_p \leq 3\ \mu m$ variiert der errechnete Wert von d_p bei den betrachteten Brechzahlen n_p bei gleichem Streulichtstrom Φ um den Faktor 5. Bei Flüssigkeitspartikeln kann nach Bohl /27/ meist die Brechzahl n_p als reell angenommen werden, so daß sich nur noch Unterschiede um den Faktor 2 ergeben.

Die von Quenzel errechneten Werte gelten streng nur für den von ihm untersuchten Typ eines Streulicht-Meßgeräts. Für die Ermittlung der Brechzahl-Abhängigkeit des Meßsignals bei dem verwendeten Streulicht-Meßgerät sind deshalb gesonderte Berechnungen unter Berücksichtigung der geometrischen und optischen Daten erforderlich. Vom Hersteller des Meßgeräts sind dazu nur ungenügende Angaben zu erhalten. Aus diesem Grund ist eine Einmessung des Streulicht-Teilchengrößenmeßgeräts erforderlich.

Als weitere Einflußgröße auf das Meßergebnis besteht eine Abhängigkeit des angezeigten Teilchendurchmessers d_p von der Teilchengeschwindigkeit v. Diese Abhängigkeit ist auf die Trägheit des Empfängers und der nachgeschalteten Auswerteelektronik zurückzuführen. Da bei den Untersuchungen mit gleichbleibender Teilchengeschwindigkeit v gearbeitet wird, ist dieser Einfluß ohne Bedeutung. Eine Abschätzung der Teilchengeschwindigkeit ist mit dem Streulicht-Teilchengrößenmeßgerät möglich. Dabei wird die Zeit, in der das Teilchen durch das optische Volumen fliegt, gemessen.

2.3.2 Versuchsaufbau und Meßwertverarbeitung zum Streulicht-Teilchengrößenmeßgerät

Das Streulicht-Teilchengrößenmeßgerät besteht aus einem Meßkopf und einer Versorgungs- und Auswerteelektronik. Der im Meßkopf eingebaute Photovervielfacher wandelt den Streulichtstrom Φ in eine Spannung U_{ph}. Die Auswerteelektronik beinhaltet einen Teilchenzähler und einen logarithmischen Signalverstärker, dem ein 4 · 64-Kanal-Impulshöhenanalysator nachgeschaltet ist. Der Impulshöhenanalysator klassifiziert die ankommenden Spannungsimpulse nach ihrer Höhe, so daß eine Anzeige der Impulsanzahl N_i in Abhängigkeit von der Spannung U_{Ph} auf einem Bildschirm sowie auf einem externen Koordinatenschreiber möglich ist. Als periphere Geräte sind neben dem (analogen) Schreiber ein Rechner, ein Datendrucker sowie ein zweiter Vielkanal-Impulshöhenanalysator angekoppelt. Bild 3 zeigt eine schematische Darstellung des gesamten Versuchsaufbaus mit aller verwendeten Peripherie.

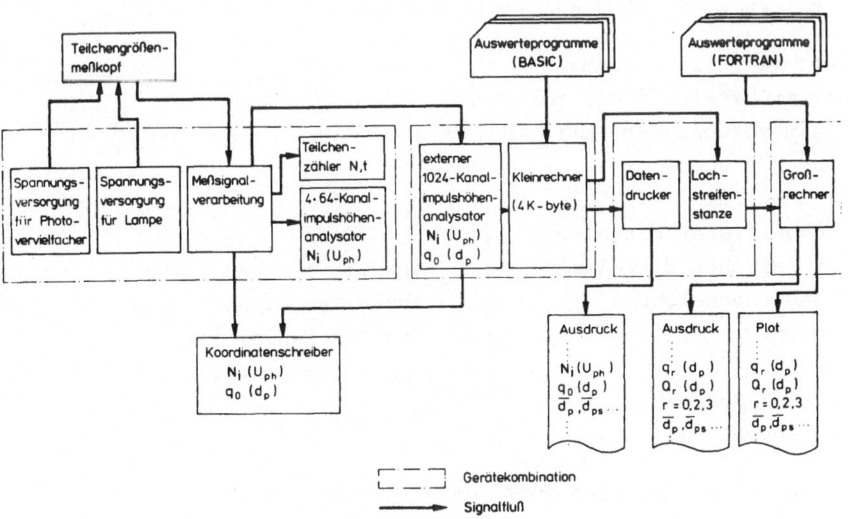

Bild 3: Geräteanordnung zur Teilchengrößenmessung

Der externe 1024-Kanal-Impulshöhenanalysator erlaubt infolge der größeren Anzahl von Speicherkanälen eine höhere Auflösung. Außerdem können die Meßwerte im Rechnerteil weiterverarbeitet werden. Das in der Programmiersprache BASIC geschriebene Programm /28/ berechnet aus der gespeicherten Spannungsverteilung N_i (U_{Ph}) unter Verwendung einer Einmeßkurve (vgl. Bild 8, Abschnitt 2.3.3.2) die Anzahlverteilungsdichte q_o (d_p) und die Verteilungskennwerte $\bar{d}_p$, d_{pmax}, $\tilde{d}_p$ und s_p der Anzahlverteilung sowie den Sauterdurchmesser $\bar{d}_{ps}$. Die Funktionen $N_i(U_{Ph})$ und $q_o(d_p)$ können auf einem Bildschirm oder auf einem Koordinatenschreiber in analoger Darstellung ausgegeben werden. Die Ausgabe der Kanalinhalte N_i des Vielkanal-Impulshöhenanalysators sowie der errechneten statistischen Kennwerte erfolgt auf einem Datendrucker.

Der im externen Vielkanal-Impulshöhenanalysator eingebaute Rechner ermöglicht bei vertretbarem Zeitaufwand keine umfassenderen Berechnungen. Um eine weitergehende Analyse der Meßwerte zu erhalten, wird ein Rechnerprogramm für einen Großrechner verwendet. Mit diesem Programm sowie mit den auf Lochstreifen ausgegebenen Kanalinhalten des externen Vielkanal-Impulshöhenanalysators sind folgende Berechnungen möglich /28/:

- Gesamte Teilchensumme
- Gesamtoberfläche der Teilchen
- Gesamtvolumen der Teilchen
- Sauterdurchmesser
- Arithmetischer Mittelwert
- Geometrischer Mittelwert
- Harmonischer Mittelwert
- Standardabweichung
- Median
- Varianz
- drittes Moment
- viertes Moment

(Arithmetischer Mittelwert bis viertes Moment:) jeweils bezogen auf die Anzahlverteilung q_o, die Oberflächenverteilung q_2 und die Volumenverteilung q_3

Ferner wird ein X^2-Test durchgeführt, wobei als Zielfunktion die Annäherung an eine LN-Verteilung und eine RRSB-Verteilung berechnet wird.

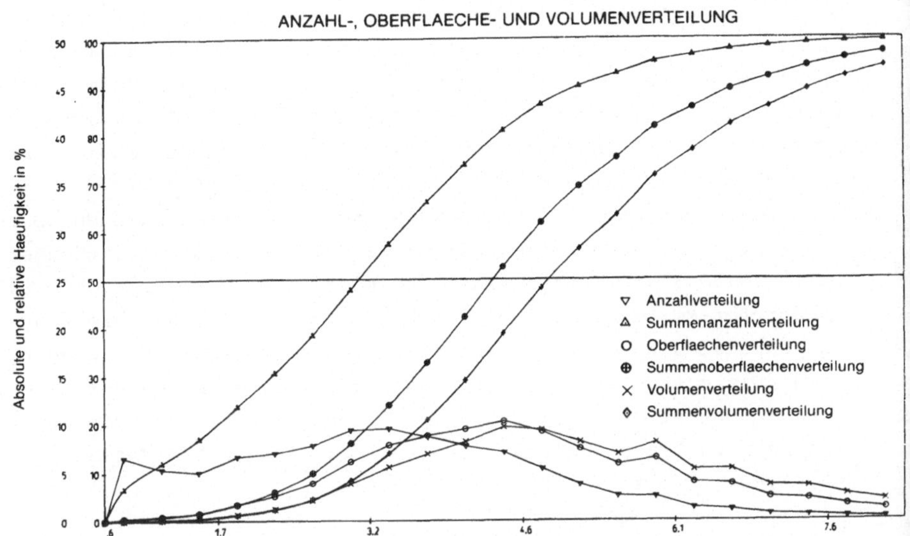

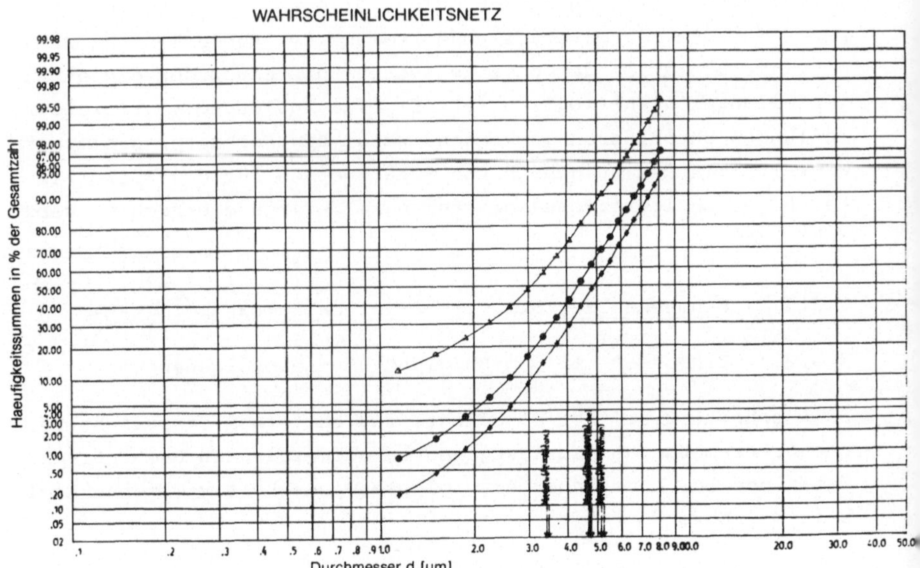

Bild 4: Original-Plotterausdruck zur Berechnung einer Teilchengrößenmessung

Neben der Ausgabe dieser Werte auf einen Schnelldrucker kann ein Plotterausdruck erstellt werden, der zusätzlich eine analoge Darstellung der Verteilungsdichten q_o, q_2, q_3 sowie der Summenfunktionen Q_o, Q_2, Q_3 von Anzahl-, Oberflächen- und Volumenverteilung im linear geteilten Netz sowie eine Darstellung der Summenfunktionen im LN- oder RRSB-Körnungsnetz liefert (Bild 4).
Über die Bedeutung der oben angeführten Kennwerte sowie der Darstellung in Körnungsnetzen liegen zahlreiche Veröffentlichungen vor. /29,30,31,32/ geben einen Überblick über Verfahren der Teilchengrößen-Meßtechnik, wobei insbesondere auf die Beschreibung und Darstellung von Verteilungsfunktionen ausführlich eingegangen wird. Die mathematische Behandlung von Teilchengrößen-Verteilungsfunktionen ist in /33,34,35,36,37,38,39/ beschrieben. Die Anwendung der unterschiedlichen Körnungsnetze ist in DIN-Normen /40,41, 42,43,44/ standardisiert.

Bei verschiedenen Teilchengrößenmessungen treten polymodale (mehrgipflige) Verteilungen auf, die sich in einfache LN- oder RRSB-Verteilungen zerlegen lassen. Eine Zerlegung ist dann schwierig, wenn sich die Einzelverteilungen teilweise überdecken und wenn die Interpretation der physikalischen Entstehung der einzelnen Verteilungen nicht möglich ist. Um eine Auflösung in Einzelverteilungen durchführen zu können, wurde ein Rechnerprogramm entwickelt, mit dem ausgehend von Schätzwerten für die Einzelverteilungen in Iterationsschritten eine Zerlegung errechnet werden kann /45/.

2.3.3 Einmessen des Streulicht-Teilchengrößenmeßgeräts

2.3.3.1 Einmessen mit dem Berglund-Liu-Aerosolgenerator

In Abschnitt 2.3.1 ist dargelegt, daß bei einem Streulicht-Teilchengrößenmeßgerät mit festgelegten geometrischen und optischen Daten und bei konstanter Aerosolgeschwindigkeit v eine Abhängigkeit der Form

$$\frac{\Phi}{\Phi_o} = \frac{\Phi}{\Phi_o}\,(d_p\,,\,n_p) \qquad (2)$$

besteht. Damit ist eine Einmessung mit einem Aerosol möglich, bei dem der Teilchendurchmesser d_p und die Brechzahl n_p bekannt sind.

Beim Berglund-Liu-Aerosolgenerator wird eine Flüssigkeit mit konstantem Volumenstrom $\dot{V}_F$ durch eine Düse gedrückt, die mit der Frequenz f schwingt /46/. Der aus der Düse austretende Flüssigkeitsstrahl zerfällt infolge der Anregung durch die mechanischen Schwingungen in Teilchen annähernd gleicher Größe. Das Volumen eines Teilchens beträgt

$$V_p = \frac{\dot{V}_F}{f} \quad . \tag{3}$$

Stoffeigenschaften und die Düsengeometrie haben keinen Einfluß auf das Teilchenvolumen V_p. Im praktischen Betrieb zeigt sich jedoch, daß bei festgelegtem Düsendurchmesser a nur in einem optimalen Frequenzbereich mit einem geordneten Strahlzerfall gerechnet werden kann. Annähernd monodisperses Aerosol kann man dann erwarten, wenn das Verhältnis von rechnerisch ermitteltem Teilchendurchmesser d_p an der Düse zum Düsendurchmesser a

$$\frac{d_p}{a} \approx 0{,}5 \tag{4}$$

beträgt.

Wird zur Zerstäubung eine Lösung aus zwei Stoffen verwendet, von denen der Dampfdruck einer Komponente groß genug ist, so daß diese Komponente nach hinreichend kurzer Flugstrecke verdampft, so ist es möglich, den Teilchendurchmesser d_p zusätzlich über die Lösungskonzentration c_v zu beeinflussen. Für kugelförmige Teilchen ergibt sich:

$$d_p = \sqrt[3]{\frac{6 \cdot \dot{V}_F \cdot c_v}{\pi \cdot f}} \quad . \tag{5}$$

Die zur Anlage gehörende Dosierpumpe erweist sich nach Vorversuchen als ungeeignet zum Erreichen eines konstanten, reproduzierbaren Volumenstroms $\dot{V}_F$. Aus diesem Grund wird die Pumpe durch einen Druckbehälter ersetzt, in dem die zu zerstäubende Flüssigkeit unter einstellbaren konstanten Druck p_e gesetzt werden kann. Bild 5 zeigt den so modifzierten Versuchsaufbau.

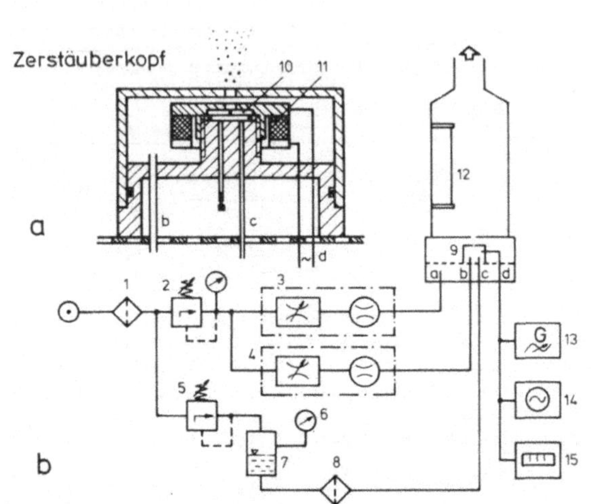

Bild 5: Aufbau des modifizierten Berglund-Liu-Aerosolgenerators
a: Zerstäuberkopf
b: Gesamtanlage

Der aus der Düse austretende Aerosolstrom wird mit Luft vermischt (Verteilungsluft), die die Koagulation der erzeugten Teilchen verhindert. Zur Beseitigung von elektrischen Ladungen wird das Aerosol unter Zuführung von Verdünnungsluft durch eine Ionisationskammer geleitet. Am Ausgang der Ionisationskammer steht das Aerosol zur Messung zur Verfügung.

Der Piezoschwinger wird durch einen Sinusgenerator mit einstellbarer Amplitude und Frequenz f zu einer mechanischen Dickenschwingung angeregt. Amplitude und Frequenz f werden durch einen Frequenzzähler überwacht.

Der Flüssigkeitsvolumenstrom $\dot{V}_F$ in Abhängigkeit vom Behälterdruck p_e wird durch Einmessen bestimmt. Um die gleichen Bedingungen beim Einmessen wie bei der späteren Aerosolerzeugung zu erhalten, wird der Aerosolgenerator mit der dort verwendeten Düse bei angelegter Hochfrequenz f betrieben und die austretende Flüssigkeit aufgefangen. Als Flüssigkeit wird eine Öl/iso-Propanollösung der Konzentration c_V eingesetzt. Die Bestimmung des Flüssigkeitsmassenstroms $\dot{m}_F$ erfolgt durch Auswiegen nach Abdampfen des Lösemittels aus dem Ölmassenstrom $\dot{m}_{Öl}$. Der Flüssigkeitsvolumenstrom $\dot{V}_F$ errechnet sich aus dem Flüssigkeitsmassenstrom $\dot{m}_F$.

Bild 6 zeigt drei Einmeßkurven für Öl/iso-Propanollösungen.

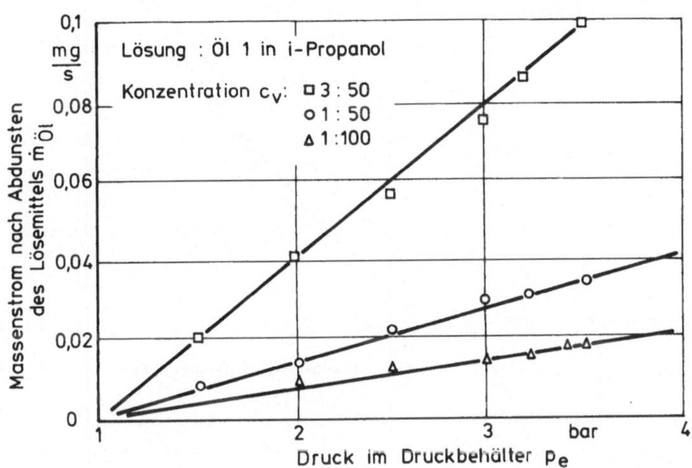

Bild 6: Einmeßkurven für das Dosiersystem des Berglund-Liu-Aerosolgenerators

Für alle Lösungen zeigt sich eine Proportionalität zwischen Massenstrom $\dot{m}_{Öl}$ und eingestelltem Druck p_e. Da außerdem der Massenstrom $\dot{m}_{Öl}$ nach Abdunsten des Lösemittels proportional zur Lösungskonzentration c_V ist, wird für Konzentrationen $c_V < 1:100$ der Massenstrom $\dot{m}_{Öl}$ rechnerisch aus den gezeigten Einmeßkurven ermittelt.

Da die Einmessung des Streulicht-Teilchengrößenmeßgeräts über den gesamten Meßbereich der Partikeldurchmesser erfolgen soll, werden Lösungen mit verschiedenen Konzentrationen c_V hergestellt.

Bild 7 zeigt die so gewonnenen Einmeßpunkte für das Streulicht-Teilchengrößenmeßgerät. Für die beiden verwendeten Öle läßt sich die gleiche Ausgleichskurve als Einmeßkurve verwenden. Zum Vergleich ist die vom Gerätehersteller angegebene Einmeßkurve für Latex-Partikel mit der Brechzahl n_p = 1,58 eingetragen (vergleiche Abschnitt 2.3.3.2) /25/.

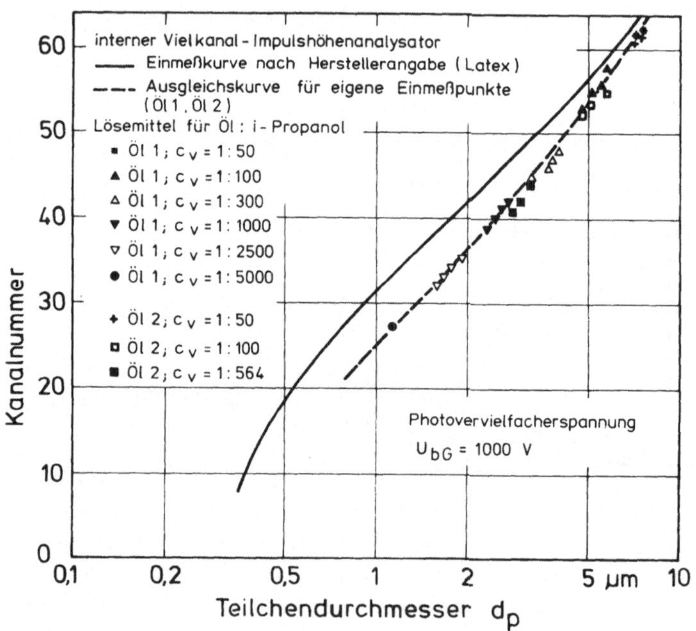

Bild 7: Einmeßkurve für das Streulicht-Teilchengrößenmeßgerät (Berglund-Liu-Aerosolgenerator)

Quenzel /24/ hat für ein Streulicht-Teilchengrößenmeßgerät mit ähnlichen geometrischen und optischen Eigenschaften Berechnungen von Kennlinien angestellt, so daß sich ein Vergleich der eigenen Messungen mit seinen errechneten Werten anbietet. Da bei den verwendeten Ölen der Imaginärteil $n_{p,Im}$ der komplexen Brechzahl n_p unbekannt ist, läßt sich nur eine näherungsweise Abschätzung vornehmen. Nach Quenzel erhält man für einen Stoff mit der Brechzahl

$n_p = 1{,}50 + 0j$ gegenüber Latex ($n_p = 1{,}58 + 0j$) bei einem Teilchendurchmesser $d_p = 2$ µm einen Quotienten der Teilchengröße von

$$\frac{d_p\ (n_p = 1{,}50 + 0j)}{d_p\ (n_p = 1{,}58 + 0j)} = 0{,}90$$

Aus eigenen Messungen ergibt sich ein vergleichbarer Wert zu

$$\frac{d_p\ (\text{Öl 1, Öl 2})}{d_p\ (n_p = 1{,}58 + 0j)} = 0{,}80$$

Der etwas kleinere Wert, der sich aus eigenen Messungen ergibt, ist möglicherweise auf die Absorption des Lichts bei den verwendeten Ölen zurückzuführen (Einfluß des Imaginärteils $n_{p,Im}$ der komplexen Brechzahl n_p).

2.3.3.2 Einmessen mit dem Latex-Aerosolgenerator

Da nach Gleichung (1) der Streulichtstrom Φ dem Lichtstrom Φ_o proportional ist, äußert sich beim Streulicht-Teilchengrößenmeßgerät eine Verringerung der Lampenleistung in einer Verschiebung der Kennlinie nach Bild 7 in Richtung zu kleineren Kanalnummern. Deshalb muß das Streulicht-Teilchengrößenmeßgerät nach etwa 20 Betriebsstunden oder nach Austausch der Lampe neu eingemessen werden. Wegen des hohen Aufwands mit dem Berglund-Liu-Aerosolgenerator wird das routinemäßige Einmessen mit Latex-Aerosolen durchgeführt /47/. Der Latex-Aerosolgenerator zerstäubt eine wässerige Suspension von Latex-Partikeln mit Luft. Das dabei entstehende Aerosol wird getrocknet und dem Streulicht-Teilchengrößenmeßgerät mit bekannter Geschwindigkeit v zugeführt. Latex-Suspensionen sind in annähernd monodisperser Verteilung der Teilchen mit verschiedenen Teilchendurchmessern erhältlich.

Bild 8 zeigt die vom Gerätehersteller ermittelte Einmeßkurve sowie die bei eigenen Messungen erhaltenen Einmeßpunkte bei verschiedenen Photovervielfacher-Betriebsspannungen U_{bG}.

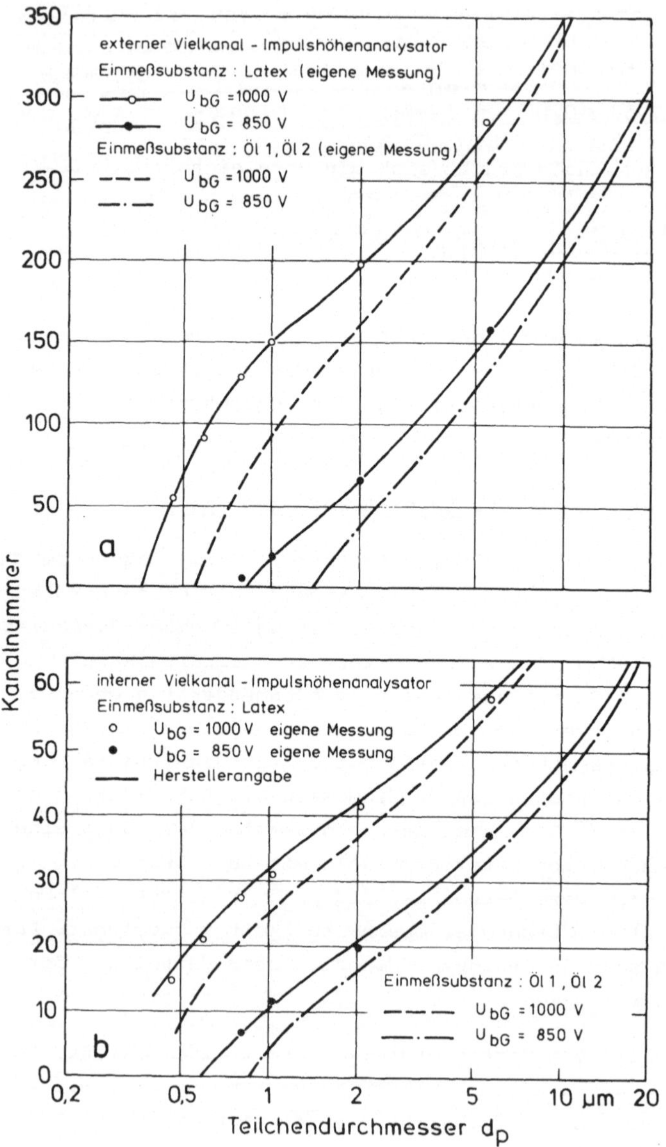

Bild 8: Einmeßkurven für das Streulicht-Teilchengrößenmeßgerät (Latex-Aerosolgenerator)

a) externer, b) interner Vielkanal-Impulshöhenanalysator

Die geringfügige Abweichung der eigenen Messungen von den Angaben des Herstellers dürfte auf eine Abweichung der Lampenleistung oder der Photovervielfacher-Empfindlichkeit zurückzuführen sein. Beides äußert sich in einer äquidistanten Verschiebung der Kennlinie.

Neben den "Latex-Kurven" sind die mit dem Berglund-Liu-Aerosolgenerator ermittelten Einmeßkurven für die beiden Öle eingetragen.

Die Genauigkeit der Streulicht-Teilchengrößenmessung wird durch die Anzahl der Einflußgrößen auf das Ergebnis bestimmt. Sittel /26/ weist deshalb darauf hin, daß eine Abschätzung des Meßfehlers bei dieser Methode schwierig ist. Aus häufig wiederholten Versuchen ergibt sich jedoch, daß der Meßfehler bei sorgfältiger Arbeit unter 5 % gehalten werden kann.

3 Versuchsstand zur Erzeugung von Ölnebel und Ölfilmen

Für Untersuchungen zur Ölabscheidung an drucklufttechnischen Anlagen ist ein Ölnebelerzeuger zu verwenden, dessen Aerosolparameter denen des an Entlüftungsöffnungen austretenden Nebels möglichst ähnlich sind.

Eine drucklufttechnische Anlage als Ölnebelerzeuger für grundsätzliche Untersuchungen ist ungeeignet, da die Ölnebelemission an den Entlüftungsöffnungen von mehreren Zufallsgrößen abhängt. So hat sich bei Vorversuchen gezeigt, daß eine Steuerung von Aerosolkonzentration und -Volumenstrom kaum möglich ist. Ferner kann der Dispersionszustand des Öls bei längerem Betrieb einer solchen Anlage nicht konstant gehalten werden.

Für die notwendigen Grundlagenuntersuchungen zur Ölnebelabscheidung wird deshalb ein Versuchsstand entworfen und gebaut, mit dem Ölnebel erzeugt werden kann, dessen Aerosolparameter einstellbar und über lange Zeit konstant sind.

3.1 Aufbau und Funktion des Versuchsstandes

Der Versuchsstand besteht aus einem rotationssymmetrischen Druckkessel, in dessen Symmetrieachse sich eine Zerstäubereinheit zur Ölnebelerzeugung befindet. Aus symmetrisch am Kesselmantel angeordneten Öffnungen wird der Ölnebel entnommen und kann einem Versuchsmodell zugeführt werden. Die gesamte Anordnung zeigt Bild 9.

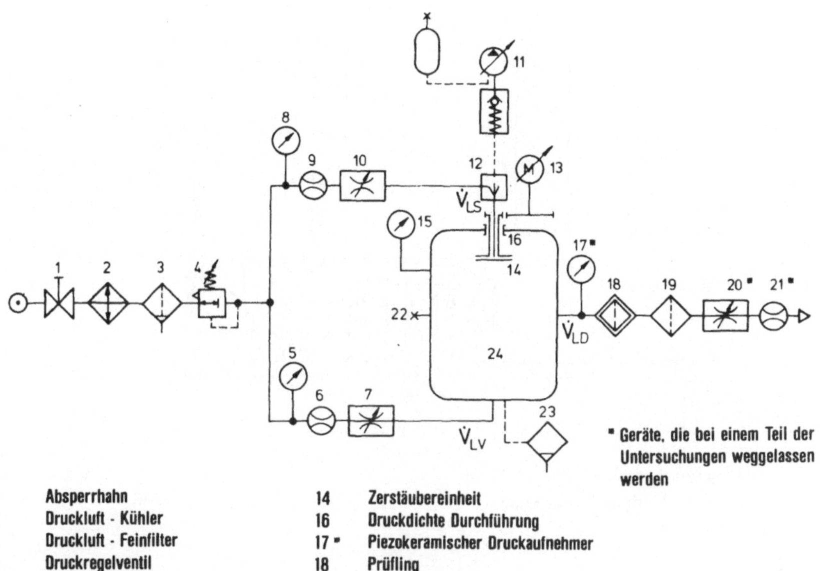

1	Absperrhahn	14	Zerstäubereinheit
2	Druckluft - Kühler	16	Druckdichte Durchführung
3	Druckluft - Feinfilter	17 ■	Piezokeramischer Druckaufnehmer
4	Druckregelventil	18	Prüfling
5, 8, 15	Rohrfedermanometer	19 ■	Absolutfilter
6, 9	Schwebekörper - Durchflußmesser	20 ■	Strömungsdrossel
7, 10	Strömungsdrossel	21 ■	Schwebekörper - Durchflußmesser
11	Öldosierpumpe mit Ölbehälter	22	Zusätzliche Kesselöffnung (16 Stück, radialsymmetrisch am Umfang)
12	Einmündungselement (Öl/Luft)	23	Ölauffangbehälter
13	Regelbarer Drehstrommotor	24	Druckkessel

Bild 9: Versuchsstand zur Erzeugung von Ölnebel

3.1.1 Zerstäubereinheit

Die Zerstäubereinheit (14) hat die Aufgabe, Ölnebel zu erzeugen und diesen gleichmäßig (radialsymmetrisch) im Druckkessel (24) zu verteilen. Die Konstruktion dieser Zerstäubereinheit zeigt Bild 10. Sie besteht aus einer drehbaren Schlitzdüse, der zentral durch eine Hohlwelle Druckluft und Öl zugeführt wird. Sie wird über ein Verstellgetriebe von einem Drehstrommotor (13) außerhalb des Druckkessels angetrieben. Im Deckel des Druckkessels befindet sich eine druckdichte drehende Durchführung (16). Die Anordnung erlaubt Drehzahlen der Zerstäubereinheit von $n_s \leq 350\ s^{-1}$. Über die Mechanismen der Aerosolerzeugung in einer solchen Zerstäuberanordnung wird in Abschnitt 3.2 berichtet.

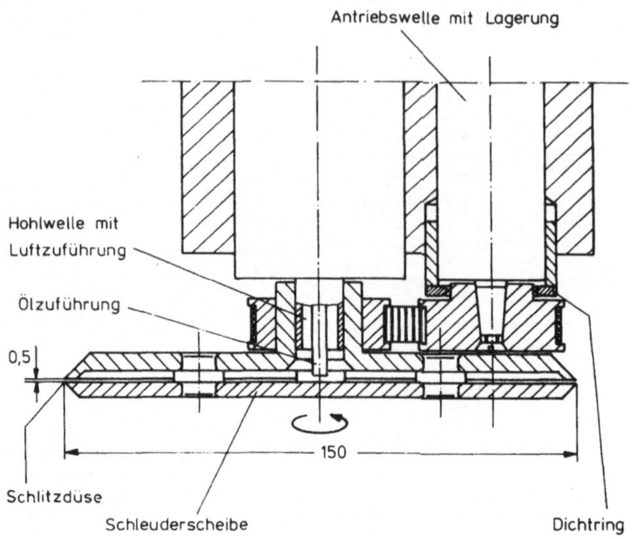

Bild 10: Zerstäubereinheit im Versuchsstand zur Erzeugung von Ölnebel

3.1.2 Luftführungssystem

Dem Druckkessel kann über zwei getrennte Eingänge Druckluft zugeführt werden. Durch die Hohlwelle der Zerstäubereinheit wird der Druckluftanteil, der zur Zerstäubung des Öls benötigt wird, geleitet (Zerstäubungsluft). Durch die Luftzuführung im Boden des Druckkessels kann der erzeugte Ölnebel verdünnt und damit bei gleichbleibendem Dispersionszustand des Aerosols der Gesamtvolumenstrom an einem oder mehreren Kesselausgängen eingestellt werden (Verdünnungsluft).
Die für beide Kesseleingänge benötigte Druckluft wird über ein Absperrventil (Bild 9:1) dem Druckluftnetz entnommen, getrocknet (2), gefiltert (3) und einem Druckregelventil (4) zugeführt. Nach dem Druckregelventil verzweigt sich die Luftführung in die beiden Zweige "Zerstäubungsluft" und "Verdünnungsluft". In beiden Zweigen befindet sich ein Durchflußmesser (6,9) mit vorgeschaltetem Druckmeßgerät (5,6) sowie je eine Strömungsdrossel (7,10), über die die Luftdurchflüsse für beide Zweige getrennt einstell-

bar sind. Im Zweig der Zerstäubungsluft wird vor Eintritt in den Deckel des Druckbehälters eine Ölleitung (12) konzentrisch in die Mitte der Druckluftleitung geführt. Die Ölleitung endet im Zerstäuberkopf.

3.1.3 Öldosierung

Die Förderung des Öls erfolgt durch eine Kolbenpumpe (Impulsöler). Der Ölförderstrom $\dot{m}_{Öl}$ kann über die Kolbenhublänge der Pumpe sowie über die Hubfolgezeit an einem Impulsgeber eingestellt werden. Der Ölstrom wird infolge der getakteten Hubbewegung diskontinuierlich in die Öltransportleitung gefördert. Bei hinreichend schneller Impulsfolgezeit ist bei der Einmündung der 500 mm langen Kunststoffleitung in die Zerstäubereinheit ein kontinuierlicher Ölstrom zu beobachten. Der größtmögliche Ölförderstrom beträgt $\dot{m}_{Öl}$ = 2000 mg/s.

3.1.4 Meßzweig

An insgesamt 16 radialsymmetrisch am Kesselumfang angebrachten Ausgängen kann der durch die Zerstäubereinheit erzeugte Ölnebel dem Druckkessel entnommen werden. Für Untersuchungen zur Ölabscheidung wird durch einen der Ausgänge Ölnebel geleitet und einem Meßzweig zugeführt. Dieser Meßzweig besteht aus dem Prüfling und einem Absolutfilter. Bei einigen Versuchen wird ferner eine Strömungsdrossel und ein Durchflußmesser nachgeschaltet. Sämtliche Rohrleitungsstücke vor dem Absolutfilter sind an der Innenwandung glatt und ohne stufenförmige Übergänge verbunden.

Im Absolutfilter wird diejenige Ölmenge abgeschieden, die nicht im Prüfling verbleibt. Der Absolutfilter besteht aus einem Filterhalter, in dem sich auf einem Stütznetz eine Faserfilterronde befindet. Nach Herstellerangaben besitzen diese Filterronden einen Abscheidewirkungsgrad von ε = 99,99 % bei einer größtmöglichen Aerosol-Anströmgeschwindigkeit von u = 5 m/s /48/.

Für verschiedene Strömungsgeschwindigkeiten werden drei Absolutfilter mit unterschiedlichen Abmessungen verwendet (Bild 11). Um die Strömung gleichmäßig auf die Fläche der Faserfilterronden zu verteilen, erweitert sich der Strömungsquerschnitt im Absolutfilterhalter konisch (Einlaufkonus). Hinter der Einströmöffnung befindet sich bei den Absolutfiltern II und III ein kegelförmiges Verteilerstück (Diffusorkegel), so daß sich zwischen der Wand des Einlaufkonus und einer Mantellinie des Kegels ein Winkel von 7° ergibt.

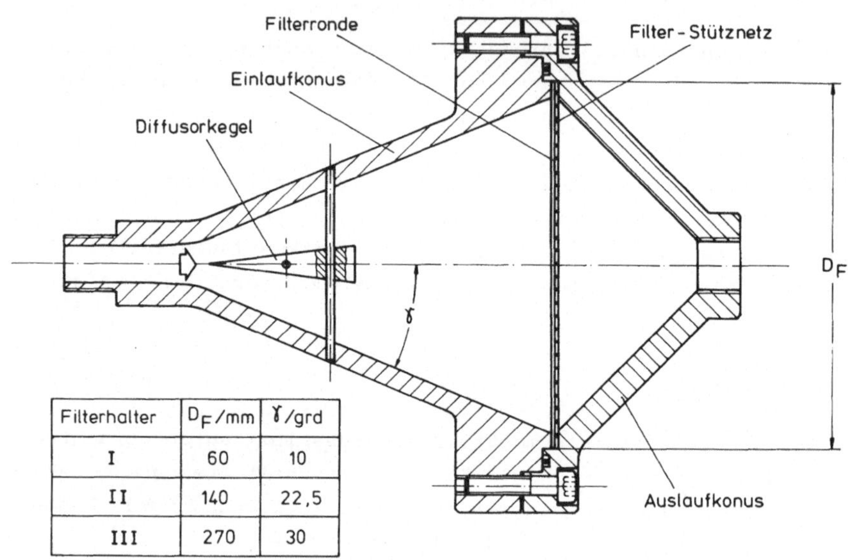

Filterhalter	D_F/mm	γ/grd
I	60	10
II	140	22,5
III	270	30

Bild 11: Schnittzeichnung des Absolutfilterhalters mit eingelegter Filterronde

3.2 Teilchengrößenverteilung des Ölnebels am Versuchsstand

3.2.1 Aerosolbildung an der Zerstäubereinheit

Die Zerstäubereinheit besteht aus einer runden Schlitzdüse mit einer Schlitzhöhe b = 0,5 mm. Über eine Hohlwelle kann die Zerstäubereinheit in Drehung versetzt werden. Zentral werden Druckluft und Öl zugeführt (Abschnitt 3.1.1, Bild 10).

Die Bildung des Aerosols erfolgt aufgrund zweier Mechanismen:

- Druckluftzerstäubung in der Schlitzdüse
- Abschleudern durch rotierende Scheibe

Die physikalische Beschreibung beider Tropfenbildungsmechanismen ist kompliziert. Bis heute sind verschiedene theoretische und halbempirische Beziehungen bekannt geworden, um die Tropfengrößenverteilung zu berechnen (vergleiche z.B. Brauer /49/).

Bei der vorliegenden Anordnung treten zusätzliche Schwierigkeiten bei der theoretischen Behandlung der Tropfenerzeugung durch das Zusammenwirken beider Effekte sowie durch die Bewegung des Aerosolstroms im Druckkessel und durch die Kesselausgänge auf. Aus diesem Grund wird hier auf die ausführliche theoretische Betrachtung der Tröpfchenentstehung verzichtet und nur eine Abschätzung des Sauterdurchmesser $\bar{d}_{ps}$ infolge beider Entstehungsmechanismen durchgeführt.

Der Sauterdurchmesser $\bar{d}_{ps}$ charakterisiert das Verhältnis des Volumens zur Oberfläche aller Partikel eines Zerstäubungsprodukts /49/

$$\bar{d}_{ps} = \frac{\sum_{i=1}^{k} (d_{pi}^3 \cdot N_i)}{\sum_{i=1}^{k} (d_{pi}^2 \cdot N_i)} \tag{6}$$

Die Summen werden über die Teilchendurchmesserklassen i von i = 1 bis k gebildet.

3.2.2 Tropfenbildung beim Druckluftzerstäuben

Die Art des Zerfalls eines Flüssigkeitsfilms oder -strahls hängt von der Geschwindigkeit $\bar{u}_s$ der Flüssigkeit an der Düsenmündung ab. Nach /49/ findet eine Zerstäubung der aus einer Düse mit der Düsenhöhe b austretenden Flüssigkeit bei einer mittleren Strahlgeschwindigkeit

$$\bar{u}_s \geq 245 \cdot \frac{\sigma_F^{0,4} \cdot \eta_F^{0,2}}{b^{0,6} \cdot \rho_F^{0,6}} \tag{7}$$

statt. σ_F ist die Oberflächenspannung, η_F die dynamische Viskosität und ρ_F die Dichte der Flüssigkeit.

Einschränkend ist anzumerken, daß sich der Düsenschlitz infolge des kleinen Volumenstromverhältnisses von Öl zu Luft $\dot{V}_{FS}/\dot{V}_{LS} < 10^{-4}$ nicht vollständig mit Öl ausfüllt. Die Berechnung der folgenden Werte geht damit von einer Idealisierung aus, so daß die Ergebnisse als Abschätzung zu werten sind.

Für das verwendete und in Abschnitt 4.2 beschriebene Öl 1 ergibt sich aus Gleichung (7):

$$\bar{u}_s \geqslant 80{,}8 \quad m/s$$

Errechnet man damit unter Verwendung der Kontinuitätsbedingung den Volumenstrom $\dot{V}_{LS}$ der durch die Düse strömenden Luft, so erhält man unter der Annahme, daß die Flüssigkeit dem Luftstrom unmittelbar an der Düse schlupffrei folgt, für Öl 1:

$$\dot{V}_{LS} \geqslant 19 \quad l/s$$

Für die Tröpfchenentstehung bei zerstäubten Flüssigkeiten wird zur Abschätzung des Sauterdurchmessers eine empirische Beziehung nach Nukijama und Tanasawa /50/ herangezogen:

$$\frac{\bar{d}_{ps}}{m} = 0{,}585 \left(\frac{\sigma_F/Nm^{-1}}{(\rho_F/kgm^{-3})\,(v_r^2/ms^{-1})} \right)^{0{,}5} + 53{,}2 \left(\frac{\dot{V}_{FS}}{\dot{V}_{LS}} \right)^{1{,}5} \cdot \left(\frac{\eta_F/kgm^{-1}s^{-1}}{(\sigma_F/Nm^{-1})\,(\rho_p/kgm^{-3})} \right)^{0{,}45} \qquad (8)$$

In erster Näherung läßt sich daraus die Proportionalität

$$\bar{d}_{ps} \sim \frac{1}{v_r} \qquad (9)$$

ableiten.

Zur Abschätzung der Größe der entstehenden Teilchen genügt die Annahme, daß die Relativgeschwindigkeit v_r durch die mittlere Luftgeschwindigkeit in der Düse $\bar{u}_s$ ersetzt wird.

Man erhält mit dem Volumenstromverhältnis

$$\frac{\dot{V}_{FS}}{\dot{V}_{LS}} = 10^{-4}$$

und der bei späteren Versuchen verwendeten mittleren Geschwindigkeit

$$\bar{u}_s = 94,2 \ m/s$$

nach Gleichung (8) einen Sauterdurchmesser $\bar{d}_{ps}$ für die Zerstäubung des Öls von:

$$\bar{d}_{ps} = 44,6 \ \mu m$$

Der Volumenstrom $\dot{V}_{LS}$ durch die Düse beträgt bei dieser Geschwindigkeit:

$$\dot{V}_{LS} = 22,2 \ l/s$$

3.2.3 Tropfenbildung bei rotierenden Scheiben

Für die Tropfenbildung durch Abschleudern eines Flüssigkeitsfilms von einer rotierenden Scheibe gibt es zahlreiche Untersuchungen, die auch theoretisch abgeleitete Beziehungen für mittlere Tropfengrößen enthalten. Beispielsweise Hege /51/ gibt eine einfache Gleichung für den Sauterdurchmesser $\bar{d}_{ps}$ in Abhängigkeit von der Scheibendrehzahl n_s und dem Scheibendurchmesser D_S an:

$$\bar{d}_{ps} = \frac{1,9}{\pi \cdot n_s} \sqrt{\frac{\sigma_F}{D_S \cdot \rho_F}} \tag{10}$$

Auf die vorhandene Schlitzdüse angewendet, ergibt sich für Öl 1 bei der später verwendeten Drehzahl von $n_s = 308 \ s^{-1}$ ein Sauterdurchmesser von:

$$\bar{d}_{ps} = 30,7 \ \mu m$$

3.2.4 Messung der Teilchengrößenverteilung am Versuchsstand

Die Messung der Teilchengrößenverteilung erfolgt mit dem in Abschnitt 2.3 beschriebenen Streulicht-Teilchengrößenmeßgerät. Dazu wird das Meßgerät an einem der radialsymmetrischen Kesselausgänge über ein Rohrstück mit Innendurchmesser D = 16 mm, dessen

Länge dem Vorlaufrohr des in Abschnitt 5.3.1 beschriebenen Versuchsmodells zur Ölnebelabscheidung entspricht, angeschraubt. Im Bereich des Meßvolumens umgibt den Aerosolstrom ein ringförmiger Spülluftstrom zur Vermeidung von Verschmutzungen der Optik (Bild 12).

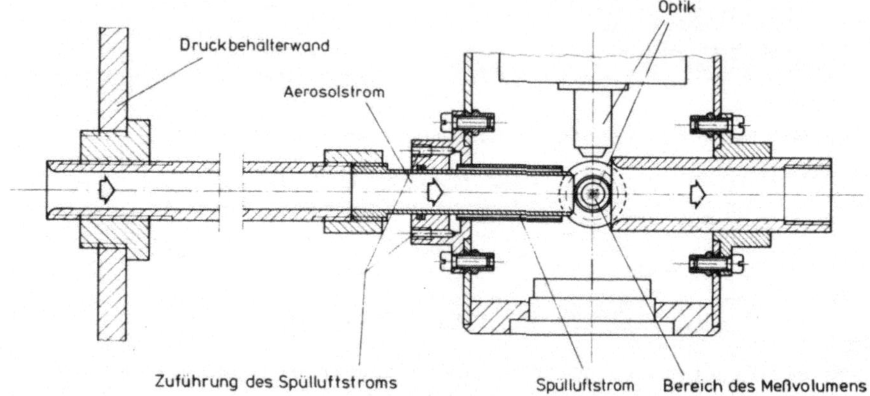

Bild 12: Streulicht-Teilchengrößenmeßgerät mit Aerosolführung am Versuchsstand zur Ölnebelerzeugung

Die Messung der Teilchengrößenverteilung erfolgt bei einer mittleren Strömungsgeschwindigkeit $\bar{u}_D = 10$ m/s. Am Umfang des Kessels werden jeweils soviele Ausgänge geöffnet, daß die mittlere Geschwindigkeit $\bar{u}_D$ am Meßausgang bei allen Volumenströmen $\dot{V}_{LS}$ ständig die gleiche ist. Bild 13 zeigt die Anzahlverteilungsdichte q_o einer so gemessenen Telchengrößenverteilung. Da die Messung der Teilchengröße nur für Teilchen mit $d_p > 0{,}3$ µm möglich ist, erfolgt die Darstellung der stetigen Funktion der Anzahlverteilungsdichte q_o als relative Häufigkeit bezogen auf den häufigsten Teilchendurchmesser d_{pmax} innerhalb des Meßbereichs (Hauptfraktion).

Bei Variation der Drehzahl der Zerstäubereinheit n_s und des Volumenstroms durch die Düse $\dot{V}_{LS}$ ergeben sich die in Bild 14 dargestellten Abhängigkeiten.

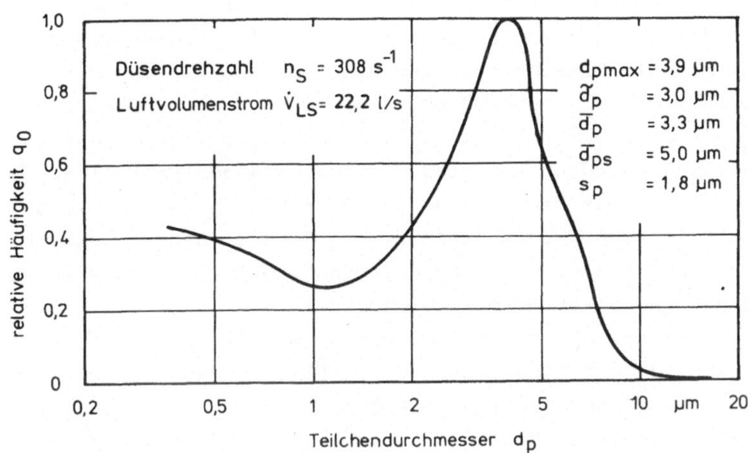

<u>Bild 13</u>: Anzahlverteilungsdichte des Ölnebels am Versuchsstand zur Ölnebelerzeugung

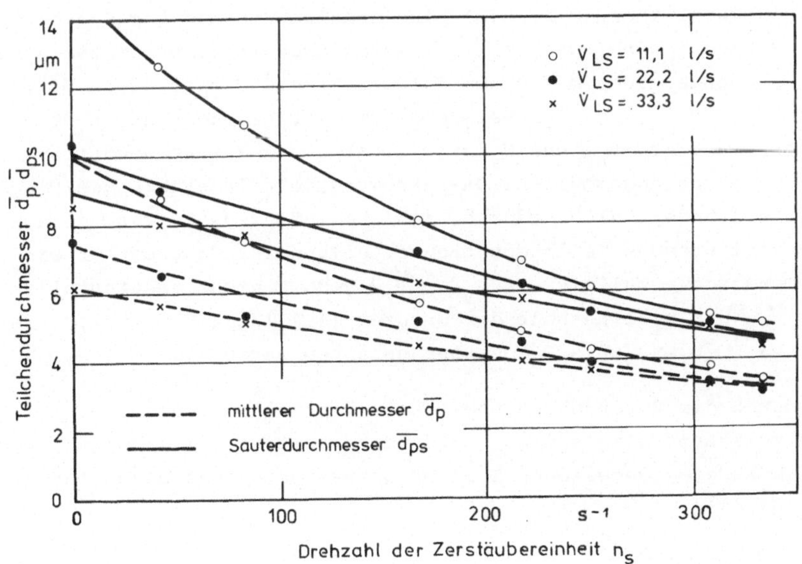

<u>Bild 14</u>: Teilchendurchmesser am Versuchsstand zur Ölnebelerzeugung in Abhängigkeit von der Drehzahl der Zerstäubereinheit und dem Luftdurchfluß durch die Düse

In den Abschnitten 3.2.2 und 3.2.3 wird der Sauterdurchmesser $\bar{d}_{ps}$ des am Zerstäuberkopf entstehenden Ölnebels theoretisch abgeschätzt. Aus den Messungen an den Ausgängen außerhalb des Kessels ergeben sich Teilchengrößenverteilungen, deren Sauterdurchmesser $\bar{d}_{ps}$ im Vergleich dazu kleiner sind. Die Ursache liegt in der Trägheitsabscheidung der größeren Teilchen der Verteilung beim Durchströmen des Kessels und der Rohrleitung am Kesselausgang. Eine Umlenkung der Aerosolströmung findet insbesondere in der Umgebung der Einströmöffnung des Druckbehälterausgangs an der Behälterinnenwand statt. Trotz der Abscheidung bleibt die Gesetzmäßigkeit erhalten, daß der Sauterdurchmesser $\bar{d}_{ps}$ und der mittlere Durchmesser $\bar{d}_p$ des Ölnebels an der Stelle der Messung mit wachsender Drehzahl n_s und wachsendem Volumenstrom $\dot{V}_{LS}$ stetig abnimmt. Zu einem vergleichbaren Ergebnis kommt Laudin /52/ bei der Untersuchung der Trägheitsabscheidung an Druckluftverneblern für die Aerosoltherapie. Obwohl hier eine "Verschiebung" des Sauterdurchmessers $\bar{d}_{ps}$ infolge Abscheidung großer Teilchen um eine Zehnerpotenz erfolgt, stellt er bei dem nach der Strömungsumlenkung verbleibenden Aerosol eine stetige Abnahme des Sauterdurchmesser $\bar{d}_{ps}$ bei wachsendem Volumenstrom fest. Durch Zumischen von Verdünnungsluft mit einem Volumenstrom $\dot{V}_{LV}$ oder durch Öffnen zusätzlicher Ausgänge am Versuchsstand ist bei konstanten Betriebsparametern $\dot{V}_{LS}$ und n_s eine Einstellung des Volumenstroms $\dot{V}_{LD}$ am Meßausgang möglich. Das Strömungsfeld innerhalb des Druckbehälters ändert sich dadurch. Eine Beeinflussung der am Meßausgang vorliegenden Teilchengrößenverteilung ist dadurch für ein Volumenstromverhältnis $0 \leq \dot{V}_{LV}/\dot{V}_{LS} \leq 2$ jedoch nicht festzustellen, wenn $\dot{V}_{LS}$ und n_s innerhalb der Grenzen $11{,}1\ l/s \leq \dot{V}_{LS} \leq 33{,}3\ l/s$ und $0\ s^{-1} \leq n_s \leq 350\ s^{-1}$ konstant gehalten werden.

Der durch die Zerstäubereinheit geförderte Ölmassenstrom $\dot{m}_{Öl}$ wird zwischen $20\ mg/s \leq \dot{m}_{Öl} \leq 200\ mg/s$ variiert. Eine Abhängigkeit der am Ausgang gemessenen Teilchengrößenverteilung davon ist nicht festzustellen.

3.3 Erzeugung von Schmierstoffilmen

Um die Abscheidung von Schmierstoffilmen in Rohren zu untersuchen, werden Ölfilme reproduzierbarer Filmdicke δ_D benötigt. Dazu wird ein Rohr an einen Ausgang des Versuchsstandes geschraubt. Der durch dieses Rohr geleitete Ölnebel schlägt sich teilweise auf der Rohrinnenwand nieder. Die Betriebsparameter des Versuchsstandes werden so gewählt, daß Ölnebel entsteht, dessen Teilchen sich infolge ihrer Größe gut auf der Rohrinnenwand abscheiden.

Abweichend von den in Abschnitt 3.2.4 beschriebenen Untersuchungen wird der Volumenstrom $\dot{V}_{LD}$ durch den Kesselausgang an einer dem Rohr nachgeschalteten Strömungsdrossel eingestellt, so daß im Versuchsstand ständig ein Druck p_e = 7 bar vorhanden ist. Die Ölnebelerzeugung erfolgt wegen $\dot{V}_{LS} = 0$ ausschließlich durch Abschleudern des Öls an der Zerstäubereinheit. Die Verdünnungsluft liefert den für den Aerosoltransport nötigen Volumenstrom, so daß $\dot{V}_{LV} = \dot{V}_{LD}$ gilt.

Um den Aufbau eines Ölfilms in einem glatten Rohr zu untersuchen, werden Versuche mit verschiedenen Expositionszeiten t an blankgezogenen Stahlrohren mit Innendurchmesser D = 16 mm und unterschiedlicher Länge l_o durchgeführt. Zwischen diesem Abscheiderohr und der Strömungsdrossel befindet sich ein weiteres Rohrstück gleichen Durchmessers der Länge l = 250 mm.

Bild 15 zeigt die in den Abscheiderohren in Abhängigkeit von der Expositionszeit t niedergeschlagenen Ölmassen bezogen auf die Rohrlänge (Ölbelag $m'_{Öl}$).

Nach einer "Einlaufzeit" von t = 40 min stellt sich ein Gleichgewicht zwischen der in das Abscheiderohr eingegebenen Ölmenge und der ausgetragenen Ölmenge ein. Das führt dazu, daß der Ölbelag $m'_{Öl}$ für Expositionszeiten $t \geq 40$ min bei allen untersuchten Rohrlängen l_o einen konstanten Wert annimmt. Dieser Wert ändert sich für Abscheiderohre mit $l_o \geq 500$ mm nicht mehr. Es ergibt sich dabei rechnerisch eine mittlere Filmdicke $\bar{\delta}_D$ = 30 µm.

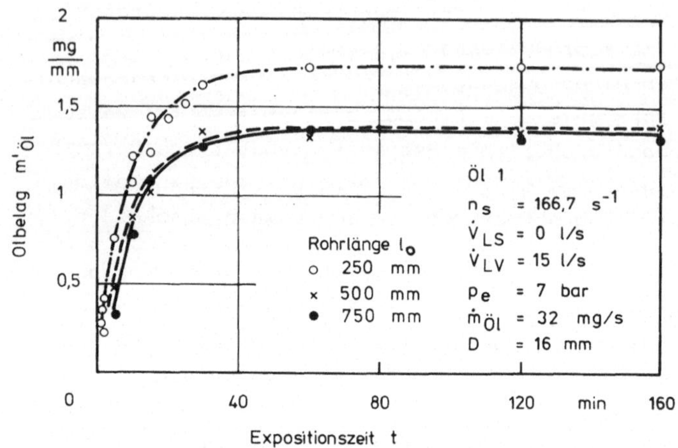

Bild 15: Ölbelag in Abhängigkeit der Expositionszeit in kreisrunden Rohren unterschiedlicher Länge

4 Untersuchungen zur Ölemission aus drucklufttechnischen Anlagen

Die Auswahl eines für den vorgesehenen Anwendungsfall geeigneten Abscheideprinzips und die Auslegung und Optimierung eines Abscheiders setzen die Kenntnis des Dispersionszustands sowie der strömungsmechanischen Eigenschaften des austretenden Öl-Luft-Gemischs voraus. An einer typischen drucklufttechnischen Anlage werden dazu grundsätzliche Untersuchungen durchgeführt.

4.1 Versuchsaufbau

Um die Phasenverteilung des aus Entlüftungsöffnungen von drucklufttechnischen Geräten austretenden Öls abzuschätzen, wird eine Druckluftsteuerung entsprechend Bild 16 eingesetzt.

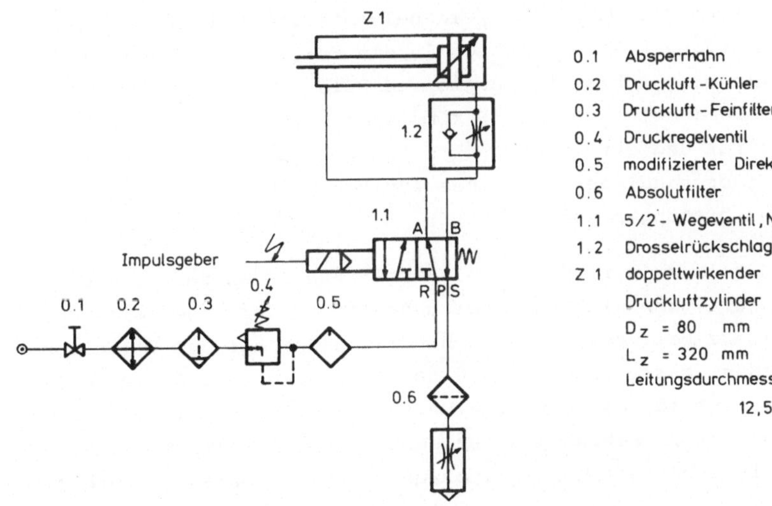

Bild 16: Versuchsaufbau zur Ermittlung der Emissionen bei drucklufttechnischen Anlagen

In der Arbeitsleitung B des doppeltwirkenden Druckluftzylinders Z 1 befindet sich zur Einstellung der mittleren Kolbengeschwindigkeit $\bar{w}$ das Drosselrückschlagventil 1.2 (Abluftdrosselung). Das

Wegeventil wird durch einen elektrischen Impulsgeber so gesteuert, daß der Zylinder ständig aus- und einfährt. Vor dem Wegeventil befindet sich ein extern angesteuerter Direktöler 0.5, der bei jedem zehnten Doppelhub des Zylinders einen Tropfen Öl in die Druckluftleitung fördert. Bei allen Versuchen beträgt die auf den Luft-Volumenstrom bezogene Ölfördermenge $\dot{m}_{Öl}/\dot{V}_L$ = 90 mg/m³.

Es werden zwei verschiedene Kolbenschieberventile eingesetzt. Beim Ventil <u>ohne</u> Grundplatte befinden sich alle Zu- und Abluftöffnungen in einer Ebene im Ventilkörper. Im Ventil <u>mit</u> Grundplatte werden die Zu- und Abluftöffnungen aus dem Ventilkörper nach unten in eine Grundplatte geführt. Die Luftströmung wird hier gegenüber der anderen Bauart stärker umgelenkt.

Zur Ermittlung des Wandölfilm/Ölnebel-Anteils wird der in Abschnitt 3.1.4 beschriebene Absolutfilter in die Entlüftungsöffnung S des Wegeventils eingeschraubt (vergleiche Bild 11). Hinter dem Absolutfilter befindet sich eine Strömungsdrossel mit großer Öffnung. Absolutfilter und Strömungsdrossel haben zusammen einen pneumatischen Widerstand, der dem eines typischen Schalldämpfers für Entlüftungsöffnungen entspricht.

Als Wandölfilm m_F wird derjenige Massenanteil des austretenden Öls definiert, der sich nach Versuchsende an der Innenseite des Filterhalters befindet. Entsprechend wird der auf der Filterronde abgeschiedene Massenanteil als Ölnebel m_N gewertet. Diese Definition ist nur für die gewählte Versuchsanordnung gültig. Die Ermittlung des Phasenanteils ist demnach nur in direktem Vergleich bei verschiedenen Betriebszuständen der Anlage sinnvoll.

Der möglicherweise auftretende Gasanteil wird durch Waschen der aus dem Absolutfilter austretenden Luft in einer Fritten-Gaswaschflasche ermittelt /53/. Als Waschflasche wird ein Lösemittelbehälter, der mit 2,5 l Essigsäureäthylester gefüllt ist, verwendet.

4.2 Für die Untersuchungen verwendete Öle

Für Untersuchungen innerhalb der vorgelegten Arbeit werden zwei Öle verwendet. Öl 1 ist ein typisches Kompressorenöl. Es wird zur Schmierung von Druckluftverdichtern eingesetzt und gelangt über das Druckluftnetz zum Verbraucher. Sofern sich kein Vorfilter vor der drucklufttechnischen Anlage befindet oder wenn der Filtereinsatz verbraucht (gesättigt)ist, gelangen Teile des Öls zu den Entlüftungsöffnungen und werden an die Raumluft abgegeben. Öl 2 ist ein Schmierstoff, der zur Ölnebel-Schmierung drucklufttechnischer Anlagen eingesetzt wird. In Tabelle 2 sind die physikalischen Eigenschaften beider Öle gegebenübergestellt.

				Öl 1	Öl 2
Dichte	bei 15° C	ρ_F	kg/m^3	907	883
Kinematische Viskosität (Herstellerangabe)	bei 50° C	ν_F	mm^2/s	64,5	25
Kinematische Viskosität (eigene Messung)	bei 20° C bei 50° C	ν_F ν_F	mm^2/s mm^2/s	363,8 67,3	97,4 24,9
Oberflächenspannung	bei 20° C	σ_F	10^3 N/m	33,2	33,0
Brechzahl	bei 20° C	$n_{p,Re}$	1	1,483	1,495

Tabelle 2: Eigenschaften der verwendeten Öle

4.3 Ergebnisse der Messungen an einer drucklufttechnischen Anlage

4.3.1 Statischer Druck und Luft-Volumenstrom

Bild 17 zeigt den Verlauf des statischen Drucks an den Stellen C und S der Anlage. Die Messungen erfolgen im dynamischen Betrieb bei verschiedenen Verfahrgeschwindigkeiten $\bar{w}$ des Kolbens.

Nach dem Schalten des Wegeventils 1.1 fällt der statische Druck p_C an der Stelle C rasch ab und erreicht dann bei $\bar{w} \leq 0,33$ m/s einen annähernd stationären Wert. Dieser Wert ist abhängig von der Kolbengeschwindigkeit $\bar{w}$. An der Stelle S steigt der statische Druck p_S kurzzeitig an und fällt für $\bar{w} \leq 0{,}33$ m/s auf einen stationäres Niveau ab, das vom stationären Niveau des Drucks p_C, also von der mittleren Kolbengeschwindigkeit $\bar{w}$ abhängt.

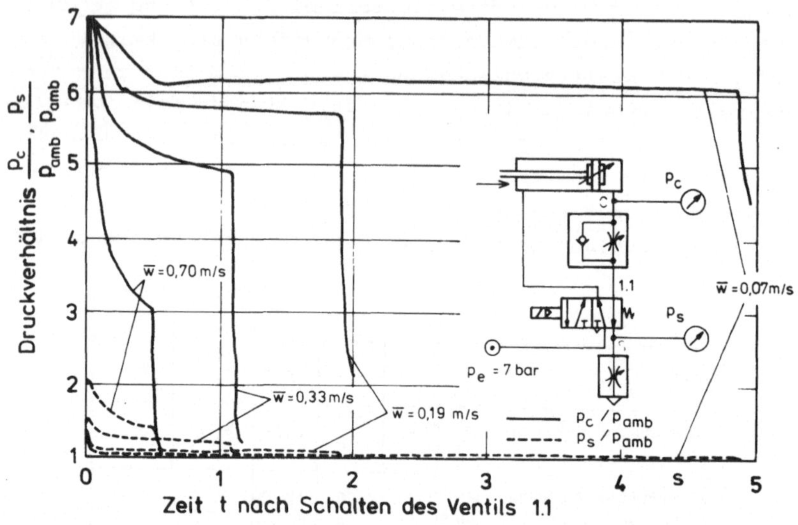

Bild 17: Statische Drücke beim Entlüften eines Druckluftzylinders über ein Wegeventil bei verschiedenen mittleren Kolbengeschwindigkeiten

Für den Vorgang des stationären Ausströmens läßt sich der aus der Entlüftungsöffnung des Wegeventils austretende Volumenstrom aus der Volumenverdrängung (Geschwindigkeit) des Kolbens und aus dem Druckniveau im entlüfteten Zylinderraum errechnen. Für den verwendeten Versuchsaufbau ergibt sich die in Bild 18 dargestellte Abhängigkeit des Volumenstroms $\dot{V}_L$ von der Verfahrgeschwindigkeit $\bar{w}$ des Kolbens. Wegen des instationären Strömungsvorgangs ist eine Abschätzung des Luft-Volumenstroms $\dot{V}_L$ bei hoher Kolbengeschwindigkeit $\bar{w}$ nur angenähert möglich (gestrichelter Teil der Kurve).

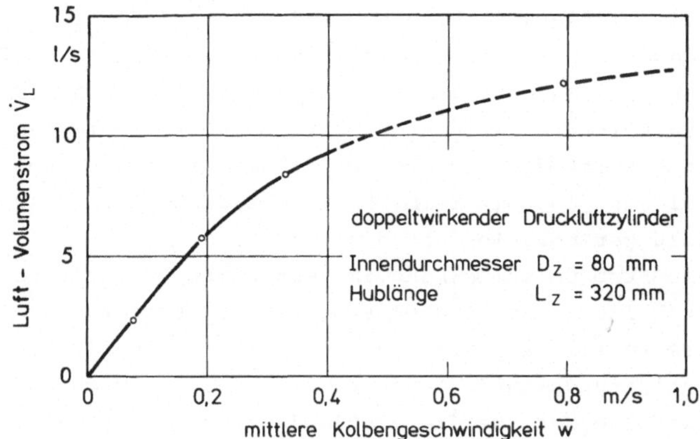

Bild 18: Volumenstrom der aus einem Wegeventil austretenden Luft bei Entlüftung eines Zylinders über eine Einstelldrossel (Abluftdrosselung)

4.3.2 Phasenverteilung des austretenden Öls

Bild 19 gibt die Phasenverteilung des aus der Entlüftungsöffnung S austretenden Öls wieder.

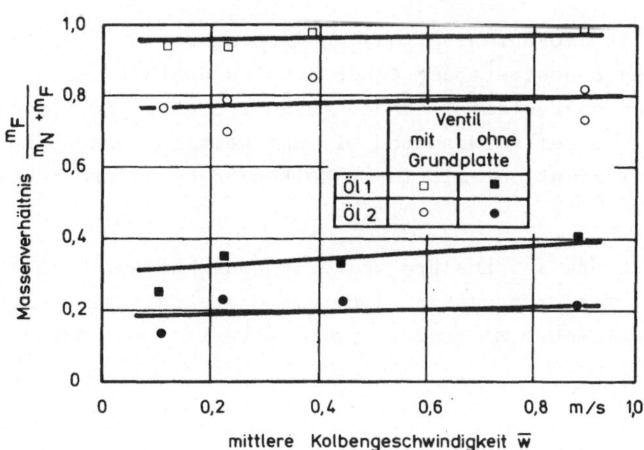

Bild 19: Phasenverteilung des aus einer Entlüftungsöffnung eines Wegeventils austretenden Öls in Abhängigkeit von der mittleren Kolbengeschwindigkeit

Während die mittlere Kolbengeschwindigkeit $\bar{w}$ und die Ölsorte unter den gewählten Bedingungen keinen entscheidenden Einfluß auf die Phasenverteilung haben, zeigen sich wesentliche Unterschiede bei den beiden untersuchten Ventilbauarten. Beim Ventil ohne Grundplatte tritt der größere Anteil des Öls als Ölnebel aus. Der Anteil des Ölnebels beim Ventil mit Grundplatte ist im Vergleich dazu gering. Dies hat die Ursache darin, daß infolge der mehrfachen Strömungsumlenkung im Ventil mit Grundplatte eine teilweise Abscheidung von Ölnebel stattfindet. Ferner ist die Grundplatte des Ventils so aufgebaut, daß die im Ventilkörper befindlichen Entlüftungskanäle tangential in die Entlüftungsöffnungen münden. Infolge der auf die Partikel wirkenden Trägheitskraft findet dabei bereits im Ventil eine Abscheidung von Ölnebelteilchen statt (vergleiche Abschnitt 6).

Bei zwei an dem Ventil ohne Grundplatte mit beiden Ölen durchgeführten Versuchen zum Nachweis von Öl in der Gasphase war kein Öl in der nachgeschalteten Gaswaschflasche zu finden. Für die weiteren Untersuchungen wird davon ausgegangen, daß kein gasförmiges Öl auftritt.

4.3.3 Teilchengrößenverteilung des austretenden Ölnebels

Bild 20 zeigt die Anzahlverteilungsdichten des aus der Entlüftungsöffnung S austretenden Ölnebels. Die Gestalt der die Verteilungsdichten charakterisierenden Kurve ist abhängig von der Ventilbauform und dem verwendeten Öl. Bei weiteren Versuchen war dagegen kein Einfluß der mittleren Kolbengeschwindigkeit $\bar{w}$ festzustellen.

Öl 1 liefert etwas schmalere Verteilungsdichte-Kurven als Öl 2. Beim Ventil mit Grundplatte sind alle charakteristischen Durchmesser bei gleichem Öl größer als beim Ventil ohne Grundplatte (Tabelle 3).

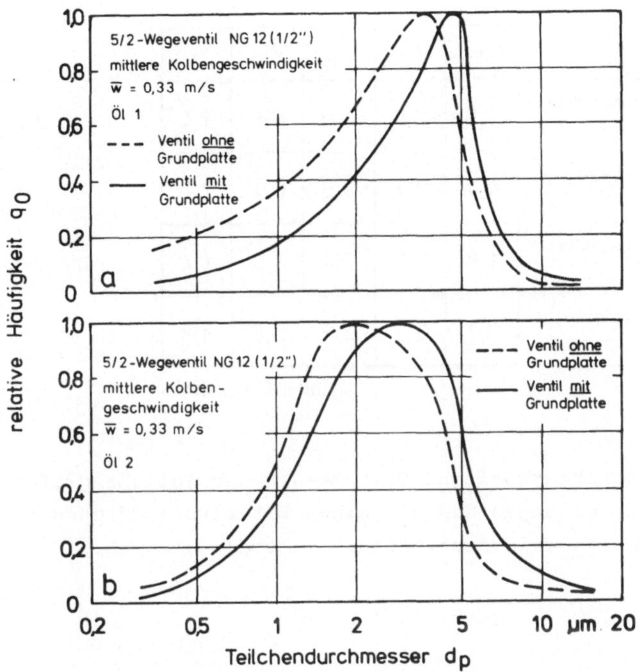

Bild 20: Anzahlverteilungsdichten des an einer Entlüftungsöffnung eines Wegeventils austretenden Ölnebels
a: Einfluß der Ventilbauart bei Öl 1
b: Einfluß der Ventilbauart bei Öl 2

Da die Unterschiede der gemessenen Teilchengrößenverteilungen gering sind, ist es für Untersuchungen des Abscheideverhaltens möglich, eine "Modell-Verteilung" zu verwenden, die für alle untersuchten Betriebszustände einer drucklufttechnischen Anlage gültig ist.

	d_{pmax}	$\tilde{d}_p$	$\bar{d}_p$	$\bar{d}_{ps}$	s_p
Ventil <u>ohne</u> Grundplatte Öl 1	3,6	2,8	2,9	4,1	1,4
Ventil <u>mit</u> Grundplatte Öl 1	4,7	3,7	3,9	6,1	2,1
Ventil <u>ohne</u> Grundplatte Öl 2	1,8	2,0	2,4	4,0	1,4
Ventil <u>mit</u> Grundplatte Öl 2	3,1	2,7	3,2	5,8	1,8

alle Einheiten µm

Tabelle 3: Charakteristische Durchmesser der Teilchengrößenverteilungen des aus einer Entlüftungsöffnung eines Wegeventils austretenden Ölnebels

5 Abscheidung eines Wandölfilms

5.1 Verfahren zur Abscheidung eines Ölfilms

In den in Abschnitt 4.3.2 beschriebenen Untersuchungen hat sich ergeben, daß ein Teil des Öls aus Entlüftungsöffnungen drucklufttechnischer Anlagen als Film austritt. Ferner entsteht aus dem Ölnebel durch Drallabscheidung - wie in Abschnitt 6 gezeigt wird - ein Wandölfilm.

Beide Ölfilme müssen abgeschieden werden. In den folgenden Abschnitten werden Maßnahmen zum Erreichen dieses Ziels untersucht.

Bei Untersuchungen zur Bewegung von Flüssigkeitsfilmen in kreisrunden Rohren wird zur Messung von Filmmassenströmen häufig eine Technik eingesetzt, bei der die Flüssigkeit an der Rohrwand nach außen abgesaugt wird. Dies erfolgt entweder durch einen in die Rohrwand eingebauten porösen Körper /54,55,56,57,58/ oder durch einen Spalt in der Rohrwand /59,60/.

Aufgrund der in Abschnitt 1.3 formulierten Anforderungen an einen Abscheider sollen keine porösen Materialien verwendet werden. Die folgenden Untersuchungen beschäftigen sich deshalb mit der Abscheidung von Ölfilmen in kreisrunden Rohren durch Spalte.

5.2 Theorie der Filmbewegung in kreisrunden Rohren und in Spalten

Über die Bewegung von Flüssigkeitsfilmen in kreisrunden Rohren gibt es zahlreiche Untersuchungen und theoretische Abhandlungen. Wegen der Wichtigkeit bei verschiedenen verfahrenstechnischen Prozessen stehen dabei Filmströmungen in senkrechten Rohren im Vordergrund (/49,60,61,62,63,64,65/). Die Filmbewegung wird hier vom Flüssigkeitsgewicht beherrscht (Rieselfilme).

An einem Flüssigkeitselement des Films greifen bei Voraussetzung eines stationären Zustands folgende Kräfte an: Schwerkraft, Gewichtskraft und Druckkraft. Beim horizontalen gasdurchströmten

Rohr liefert die Gewichtskraft keinen Beitrag zur axialen Bewegung des Films. Wie Brauer /49/ zeigt, läßt sich eine Filmströmung im kreisrunden Rohr bei kleinen Filmdicken wie eine ebene Filmströmung behandeln. Ferner wird angenommen, daß die Gasgeschwindigkeit der einer Einphasenströmung entspricht. Diese Annahme gilt jedoch nicht bei dicken Filmen, bei denen die Filmdicke δ_D in die Größenordnung des Rohrhalbmessers D/2 kommt.

Nach Tanner /71/ beträgt der auf die Filmbreite U_D bezogene Filmvolumenstrom $\dot{V}_F$:

$$\frac{\dot{V}_F}{U_D} = \frac{\delta^2}{2\eta_F} \cdot \tau_o - \frac{\delta^3}{3\eta_F} \cdot \frac{dp}{dx} \tag{11}$$

Der Term $\frac{\delta^2}{2\eta_F} \cdot \tau_o$ beschreibt den Einfluß der Schubspannung τ_o an der Filmoberfläche infolge Gasreibung, der Term $\frac{\delta^3}{3\eta_F} \cdot \frac{dp}{dx}$ beschreibt die Bewegung des Films infolge des Druckgradienten $\frac{dp}{dx}$ in Strömungsrichtung.

Der Druckgradient $\frac{dp}{dx}$ ist an jeder Stelle x für Gas und Film gleich.

Im folgenden soll die Filmströmung für den Fall des kreisrunden Rohrs sowie für den konzentrischen Ringspalt in der Umgebung des Spaltes untersucht werden. Bild 21 gibt die für diese Ableitungen verwendeten Bezeichnungen wieder.

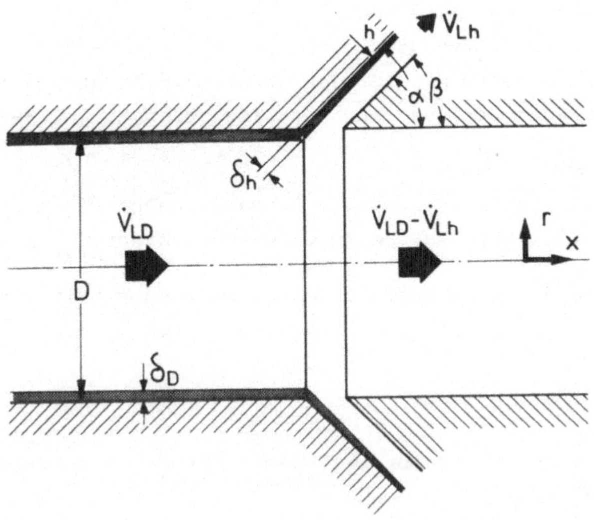

Bild 21: Bezeichnungen am kreisrunden Rohr und am Ringspalt

5.2.1 Filmströmung im kreisrunden Rohr

Für turbulente Rohrströmungen ist die Wandschubspannung eine Funktion des dimensionslosen Widerstandsbeiwerts ζ_D /67/:

$$\tau_o = \frac{\zeta_D}{8} \cdot \rho_G \cdot \bar{u}_D \tag{12}$$

ρ_G ist die Dichte der Luft im kreisrunden Rohr.

Für hydraulisch glatte Rohre wird, in guter Übereinstimmung mit praktischen Ergebnissen verschiedener Autoren, das Prandtlsche universelle Widerstandsgesetz für glatte Rohre verwendet /67/:

$$\frac{1}{\sqrt{\zeta_D}} = 2{,}0 \lg \left(Re_{LD} \cdot \sqrt{\zeta_D} \right) - 0{,}8 \tag{13}$$

Dieses Gesetz läßt sich gut annähern durch die einfachere Beziehung nach Blasius /67/:

$$\zeta_D = 0{,}316 \cdot Re_{LD}^{-0{,}25} \tag{14}$$

Wallis /68/ gibt an, daß diese Beziehung auch für niedrige Gasgeschwindigkeiten bei Zweiphasenströmungen gilt. Gerhard /62/ bestätigt dies durch Experimente für den abwärtsgerichteten Rieselfilm einer Wasser-Luft-Strömung für Reynoldszahlen $Re_{LD} \leq 20\,000$ und $Re_{F\delta} \leq 240$.

Für höhere Reynoldszahlen Re_{LD} stellt Gerhard unabhängig von $Re_{F\delta}$ einen gegenüber (14) vergrößerten Reibungskoeffizienten ζ_D fest.

Die Wandschubspannung τ_o im kreisrunden Rohr (Wand = Filmoberfläche) läßt sich nach /85/ durch den Druckgradienten $\frac{dp}{dx}$ ausdrücken:

$$\tau_o = -\frac{D}{4} \cdot \frac{dp}{dx} \tag{15}$$

Unter Verwendung von (12) ergibt sich damit für den Druckgradienten:

$$\frac{dp}{dx} = -\frac{\zeta_D}{2D} \cdot \rho_G \cdot \bar{u}_D^2 \tag{16}$$

Mit (12) und (16) erhält man aus (11) eine Beziehung für den auf die Filmbreite bezogenen Film-Volumenstrom $\dot{V}_{FD}/U_D$ im Rohr, die als Variable die mittlere Luftgeschwindigkeit $\bar{u}_D$ enthält:

$$\frac{\dot{V}_{FD}}{U_D} = \frac{\zeta_D}{2} \cdot \frac{\rho_G}{\eta_F} \left(\frac{1}{8} \cdot \delta_D^2 + \frac{1}{3} \cdot \frac{\delta_D^3}{D} \right) \bar{u}_D^2 \tag{17}$$

Für den Filmmassenstrom $\dot{m}_{FD}$ gilt:

$$\dot{m}_{FD} = \rho_F \cdot \dot{V}_{FD} \tag{18}$$

Mit den geometrischen Beziehungen für das Rohr:

Rohrumfang: $U_D = \pi \cdot D$ (19)

Rohrfläche: $A_D = \pi \frac{D^2}{4}$ (20)

und der Kontinuitätsgleichung für den Luft-Volumenstrom

$$\dot{V}_{LD} = \frac{\rho_G}{\rho_{amb}} \cdot \bar{u}_D \cdot A_D \tag{21}$$

erhält man aus (17) eine Gleichung für den Film-Massenstrom:

$$\dot{m}_{FD} = \frac{8}{\pi} \cdot \frac{\rho_F}{\eta_F} \cdot \frac{\rho^2_{amb}}{\rho_G} \cdot \zeta_D \cdot \frac{\delta_D^2}{D^3} \left(\frac{1}{8} + \frac{1}{3} \frac{\delta_D}{D} \right) \dot{V}^2_{lD} \qquad (22)$$

wobei ρ_{amb} die Dichte der Luft bei Umgebungsdruck p_{amb} ist.

Für die weitere Herleitung des Filmübergangs vom Rohr zum Spalt wird zunächst im nächsten Abschnitt die Filmströmung im Ringspalt betrachtet.

5.2.2 Filmströmung im Ringspalt

Für die Abscheidung eines Flüssigkeitsfilms durch einen Ringspalt interessiert insbesondere der Film-Massenstrom $\dot{m}_{Fh}$ am Anfang des Spaltes. Die folgenden Überlegungen beziehen sich auf diese Stelle, wobei zur Vereinfachung von kleinen Spaltbreiten mit $h \ll D$ ausgegangen wird.
Es gelten wiederum analoge Gleichungen für die Wandschubspannung (an der Filmoberfläche) τ_o und den Druckgradienten $\frac{dp}{dx}$ wie bei der Rohrströmung (vgl. Abschnitt 5.2.1, Gl. (12), (15) und (16)) /85/. Die mit h indizierten Größen beziehen sich auf den Spalt.

$$\tau_o = \frac{\zeta_h}{8} \cdot \rho_G \cdot \bar{u}_h^2 \qquad (23)$$

$$\tau_o = -\frac{h}{2} \cdot \frac{dp}{dx} \qquad (24)$$

$$\frac{dp}{dx} = -\frac{\zeta_h}{4h} \cdot \rho_G \cdot \bar{u}_h^2 \qquad (25)$$

Der auf die Filmbreite U_D bezogene Film-Volumenstrom am Spalteinlauf $\dot{V}_{Fh}$ ergibt sich aus (11) zu:

$$\frac{\dot{V}_{Fh}}{U_D} = \frac{\zeta_h}{4} \cdot \frac{\rho_G}{\eta_F} \left(\frac{1}{4} \delta_h^2 + \frac{1}{3} \frac{\delta_h^3}{h} \right) \bar{u}_h^2 \qquad (26)$$

Bei Gleichung (26) wird davon ausgegangen, daß der Widerstandsbeiwert ζ_h für den Schubspannungsterm der Gleichung (11) derselbe ist wie für den Druckverlustterm. Diese Annahme stellt eine Idealisierung dar, da bei der Spaltströmung angenommen wird, daß nur die äußere Wand vom Flüssigkeitsfilm benetzt ist. Für die folgenden Abschätzungen soll diese Idealisierung jedoch genügen.

Für den Spalt gelten folgende geometrischen Beziehungen im Bereich des Spaltanfangs für $h \ll D$:

Spaltumfang: $$U_D = \pi \cdot D \tag{27}$$

Spaltfläche: $$A_h = \pi \cdot D \cdot h \tag{28}$$

sowie die Kontinuitätsgleichungen für Film und Luft analog der Rohrströmung (vgl. Abschnitt 5.2.1, Gl. (18) und (21)):

$$\dot{m}_{Fh} = \rho_F \cdot \dot{V}_{Fh} \tag{29}$$

$$\dot{V}_{Lh} = \frac{\rho_G}{\rho_{amb}} \bar{u}_h \cdot A_h \tag{30}$$

Damit ergibt sich aus (26) eine Beziehung für den Film-Massenstrom durch den Spalt:

$$\dot{m}_{Fh} = \frac{1}{4\pi} \cdot \frac{\rho_F}{\eta_F} \cdot \frac{\rho_{amb}^2}{\rho_G} \cdot \zeta_h \cdot \frac{\delta_h^2}{D \cdot h^2} \left(\frac{1}{4} + \frac{1}{3} \frac{\delta_h}{h} \right) \dot{V}_{Lh}^2 \tag{31}$$

5.2.3 Luft-Volumenstromverhältnis von Rohr zu Spalt

Wenn erreicht werden soll, daß der gesamte im Rohr ankommende Film in den Spalt abfließen soll, so müssen die Massenströme $\dot{m}_{FD}$ und $\dot{m}_{Fh}$ gleich sein.

Zur Abschätzung des Luft-Volumenstromverhältnisses $\dot{V}_{Lh}/\dot{V}_{LD}$ genügen die Annahmen, daß die Dichte der Luft ρ_G in Rohr und Spalt gleich ist und die Widerstandsbeiwerte ζ_D und ζ_h dieselbe Größenordnung besitzen.
Mit $\zeta_D = \zeta_h$ ergibt sich aus den Gleichungen (22) und (31):

$$\left(\frac{\dot{V}_{Lh}}{\dot{V}_{LD}} \right)^2 = 16 \left(\frac{h}{D} \right)^3 \cdot \left(\frac{\delta_D}{\delta_h} \right)^2 \cdot \frac{3D + 8\,\delta_D}{3h + 4\,\delta_h} \tag{32}$$

Um den Film-Massenstrom durch den Spalt aufrecht zu erhalten, müssen also die Luft-Volumenströme durch das Rohr $\dot{V}_{LD}$ und durch den Spalt $\dot{V}_{Lh}$ mindestens ein bestimmtes Verhältnis besitzen, wobei dieses Verhältnis unter der Voraussetzung der genannten Vereinfachungen vom Verhältnis der Spaltbreite zum Rohrdurchmesser h/D sowie vom Verhältnis der Filmdicken δ_D / δ_h abhängt.

Während die Filmdicke δ_D im Rohr von der Masse der ankommenden Flüssigkeit abhängt, kann die Filmdicke δ_h im Spalt einen beliebigen Wert bis zur Spaltbreite h annehmen. Es läßt sich damit aus Gleichung (32) ein Grenzfall ableiten, bei dem das Luft-Volumenstromverhältnis $\dot{V}_{Lh}/\dot{V}_{LD}$ gerade noch groß genug ist, um eine Förderung des Flüssigkeitsfilms durch den Spalt zu erreichen. In diesem Fall füllt der Film den Spalt am Spaltanfang ganz aus, wobei $\delta_h = h$ wird. Nimmt man ferner an, daß die Filmdicke δ_D im Vergleich zum Rohrdurchmesser D klein ist ($\delta_D \ll D$), so folgt aus (32):

$$\frac{\dot{V}_{Lh}}{\dot{V}_{LD}} = \sqrt{\frac{48}{7}} \cdot \frac{\delta_D}{D} \tag{33}$$

Das Volumenstromverhältnis $\dot{V}_{Lh}/\dot{V}_{LD}$ ist nur noch abhängig vom Verhältnis von Filmdicke im Rohr δ_D zum Rohrdurchmesser D.

Bei der Ableitung dieser Beziehung wird nicht berücksichtigt, daß die Entwicklung der Gleichung (32) auf der Annahme eines dünnen Films beruht. Aus diesem Grund ist Gleichung (33) nur als grobe Abschätzung des minimalen Luft-Volumenstromverhältnisses $\dot{V}_{Lh}/\dot{V}_{LD}$ zu werten.

Für einen Film der Dicke δ_D = 30 µm ergibt sich für einen Rohrdurchmesser D = 16 mm aus Gleichung (33) ein minimales Volumenstromverhältnis:

$$\frac{\dot{V}_{Lh}}{\dot{V}_{LD}} = 0{,}0049$$

Das bedeutet, daß mindestens 0,49 % des durch das Rohr strömenden Luft-Volumenstroms dazu verwendet werden muß, den Transport des Filmes durch den Spalt aufrecht zu erhalten.

5.3 Experimentelle Untersuchungen zur Abscheidung eines Wandölfilms

5.3.1 Versuchsmodell zur Wandölfilmabscheidung

Für die experimentellen Untersuchungen zur Abscheidung von dünnen Schmierstoffilmen durch Spalte wird ein Versuchsmodell eingesetzt, welches die Variation geometrischer und strömungstechnischer Parameter ermöglicht (Bild 22).

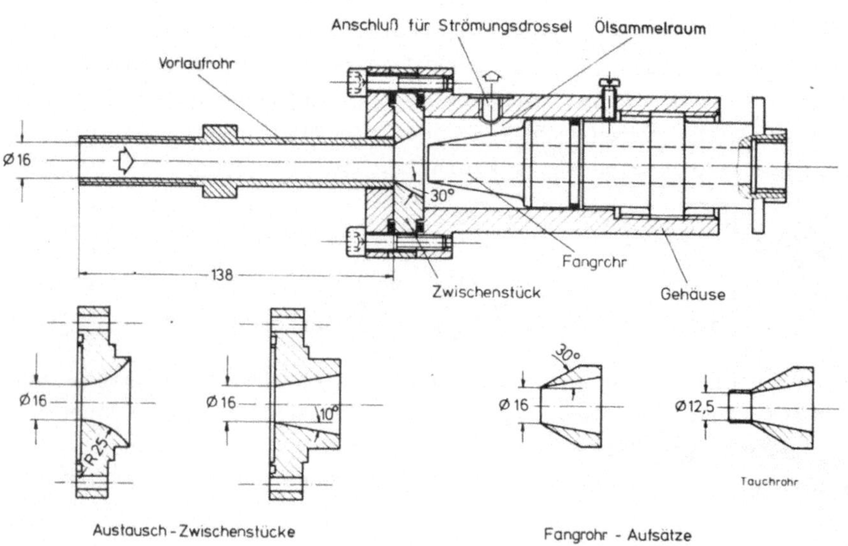

Bild 22: Versuchsmodell zur Wandölfilmabscheidung

Das Versuchsmodell besteht aus einem Vorlaufrohr, an das verschiedene Zwischenstücke angeflanscht werden können. Das Fangrohr kann in einen einstellbaren Abstand zum Vorlaufrohr gebracht werden. Es bildet zusammen mit dem Zwischenstück einen Spalt. Vorlaufrohr, Zwischenstück und Fangrohr haben einen Innendurchmesser von jeweils D = 16 mm. Das Gehäuse, in dem das Fangrohr geführt wird, bildet einen Ölsammelraum, der über eine Strömungsdrossel entlüftet wird. Es können folgende Parameter am Versuchsmodell variiert werden:

- Abstand zwischen Vorlaufrohr und Fangrohr kontinuierlich im Bereich 0 mm $\leq s \leq$ 32 mm.
- Form des Zwischenstücks: Zwei Zwischenstücke besitzen eine konische Aufweitung mit einem halben Öffnungswinkel $\alpha = 10°$ und $\alpha = 30°$. Ein drittes Zwischenstück hat ein abgerundetes Profil, mit einem Rundungshalbmesser e = 25 mm.
- Außenkontur des Fangrohrs: Das Fangrohr besitzt eine konische Außenkontur, mit einem halben Öffnungswinkel von $\beta = 10°$. Es kann zusätzlich ein konischer Aufsatz mit einem halben Öffnungswinkel von $\beta = 30°$ oder ein Tauchrohr mit Innendurchmesser D_i = 12,5 mm aufgesetzt werden.
- Volumenstromverhältnis $\dot{V}_{Lh}/\dot{V}_{LD}$ zwischen Hauptströmung durch das Versuchsmodell und Nebenströmung durch eine Strömungsdrossel im Gehäuse.

5.3.2 Durchführung der Versuche zur Wandölfilmabscheidung

Die Versuche zur Abscheidung eines Wandölfilms im Versuchsmodell werden an folgendem Aufbau durchgeführt: An einem Druckbehälter mit einem geometrischen Volumen von V = 60 l wird ein Wegeventil befestigt, dem waagerecht ein glattes Rohr der Länge 638 mm (Zwischenrohr) sowie das Versuchsmodell zur Wandölabscheidung nachgeschaltet sind.

Die Simulation eines Entlüftungsvorganges eines Druckluftzylinders erfolgt durch Entleerung des Druckbehälters über ein Wegeventil. Der Druck im Behälter beträgt vor Versuchsbeginn p_e = 7 bar. Den errechneten zeitlichen Verlauf des Luft-Volumenstroms $\dot{V}_{LD}$ zeigt Bild 23. Die Berechnung erfolgt über den Druckabfall im Behälter während der Entlüftung durch die oben beschriebene Anordnung.

Die Versuche werden nach folgendem Versuchsplan durchgeführt:

- Aufbau eines Wandölfilms im Zwischenrohr und im Vorlaufrohr des Versuchsmodells mit einer mittleren Filmdicke von $\bar{\delta}_D$ = 30 µm (vergl. Abschnitt 3.3).
- Installation von Wegeventil, Zwischenrohr und Versuchsmodell am Druckbehälter.
- Öffnen des Wegeventils und damit Entlüften des Behälters durch das Versuchsmodell.

o Auswaschen der Versuchsmodellteile und fluoreszenzphotometrische Bestimmung der darin abgeschiedenen Ölmassen (vergl. Abschnitt 2.2).

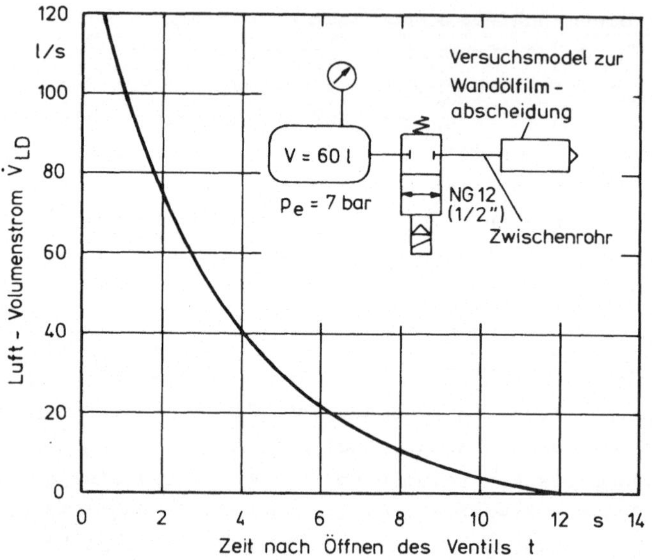

Bild 23: Zeitlicher Verlauf des Luft-Volumenstroms bei Entlüftung des Druckbehälters (berechnet aus dem Druckabfall im Behälter)

Durch die Luftströmung wird der Wandölfilm im Vorlaufrohr stromabwärts bewegt. Das Öl wird dadurch teilweise in das Gehäuse des Modells und in das Fangrohr transportiert. In Vorversuchen zeigt sich, daß kein Öl bis in ein dem Versuchsmodell nachgeschaltetes Absolutfilter gelangt. Die im folgenden beschriebenen Versuche werden deshalb ohne dieses nachgeschaltete Absolutfilter durchgeführt.

Die Einstellung des Luft-Volumenstromverhältnisses $\dot{V}_{Lh}/\dot{V}_{LD}$ erfolgt vor Versuchsbeginn bei $\dot{V}_{LD}$ = 27,8 l/s.

5.3.3 Versuchsergebnisse zur Wandölfilmabscheidung

5.3.3.1 Einfluß von Volumenstromverhältnis $\dot{V}_{Lh}/\dot{V}_{LD}$ und Fangrohrabstand s bei "senkrechtem Spalt"

Bild 24 zeigt die Verteilung des Öls im Versuchsmodell nach einmaliger Entlüftung des Druckbehälters bei geschlossener Strömungsdrossel im Gehäuse ($\dot{V}_{Lh}/\dot{V}_{LD} = 0$). Im Versuchsmodell befindet sich kein Zwischenstück, so daß der Gehäuseraum durch den Flansch des Vorlaufrohrs begrenzt wird ("senkrechter Spalt").

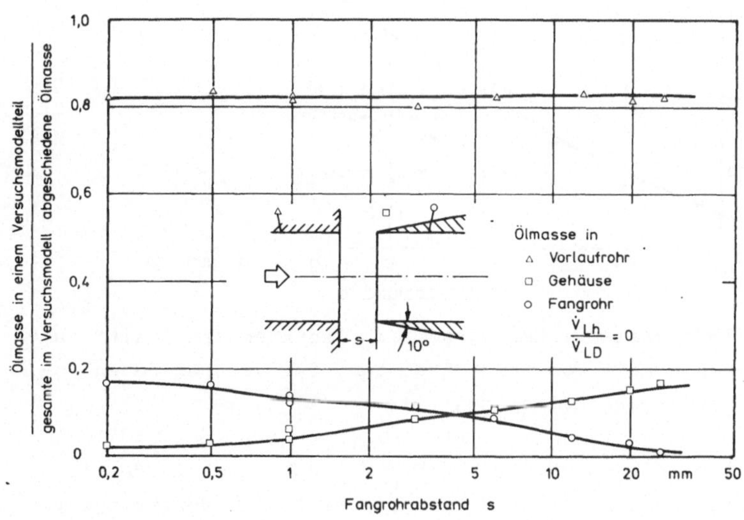

Bild 24: Verteilung des Öls im Versuchsmodell beim "senkrechten Spalt"

Die im Vorlaufrohr verbleibende Ölmasse ist unabhängig vom Fangrohrabstand s. Bei wachsendem Fangrohrabstand s nimmt die im Gehäuse abgeschiedene Ölmasse zu und die Ölmasse im Fangrohr im gleichen Verhältnis ab. Die Abscheidung des Öls durch den Spalt erfolgt ausschließlich durch die auf den am Spalteinlauf abreissenden Film wirkende Schwerkraft.

Der Einfluß des Volumenstromverhältnisses $\dot{V}_{Lh}/\dot{V}_{LD}$ auf die Filmabscheidung wird in Abhängigkeit vom Fangrohrabstand s ermittelt. Bild 25 zeigt die durch den "senkrechten Spalt" abgeschiedenen Ölmassen bezogen auf die gesamte Ölmasse in Gehäuse und Fangrohr (Abscheidewirkungsgrad ε_F).

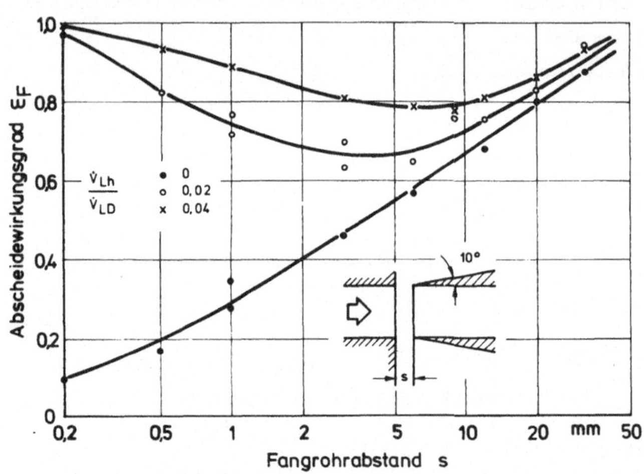

Bild 25: Filmabscheidewirkungsgrad beim "senkrechten Spalt" in Abhängigkeit vom Fangrohrabstand bei verschiedenen Volumenstromverhältnissen

In Bild 25 gibt die Kurve für $\dot{V}_{Lh}/\dot{V}_{LD} = 0$ das Ergebnis des in Bild 24 dargestellten Versuchs wieder. Der Abscheidewirkungsgrad ε_F steigt stetig mit wachsendem Fangrohrabstand s. Eine andere Charakteristik zeigen die beiden Kurven für $\dot{V}_{Lh}/\dot{V}_{LD} = 0{,}02$ und $\dot{V}_{Lh}/\dot{V}_{LD} = 0{,}04$. Für kleine Fangrohrabstände s ist ε_F hoch, sinkt dann bei wachsendem Fangrohrabstand auf ein Minimum und steigt wieder an.

Dieses Verhalten läßt sich folgendermaßen deuten: Beim Volumenstromverhälntis $\dot{V}_{Lh}/\dot{V}_{LD} = 0$ löst sich der ankommende Ölfilm am Spaltanfang von der Rohrinnenwand ab. Bei kleinen Fangrohrabständen s werden die Ölpartikel über den Spalteinlauf getragen und gelangen in das Fangrohr. Bei größeren Fangrohrabständen erfolgt ein teilweiser Transport des Öls in den Spalt durch die auf die

Teilchen wirkende Schwerkraft. Demgegenüber wird das Öl bei Volumenstromverhältnissen $\dot{V}_{Lh}/\dot{V}_{LD} > 0$ infolge der auf den Ölfilm und die abgelösten Teilchen wirkenden Schub- und Druckkraft in den Spalt transportiert. Der Film-Massenstrom $\dot{m}_{Fh}$ in den Spalt ist dabei umso kleiner, je größer der Fangrohrabstand s und damit die Spaltbreite h ist (vgl. Abschnitt 5.2.2, Gleichung (31)). Bei wachsendem Fangrohrabstand s nähern sich die Kurven für ε_F derjenigen Kurve für das Volumenstromverhältnis $\dot{V}_{Lh}/\dot{V}_{LD} = 0$, da dann die auf den Film wirkende Schwerkraft der Schub- und Druckkraft überwiegt, so daß der Abscheidewirkungsgrad ε_F wieder ansteigt.

5.3.3.2 Einfluß der Spaltgeometrie bei "geneigtem Spalt"

Um den Einfluß der Spaltgeometrie für die Ölfilmabscheidung zu ermitteln, werden Versuche mit verschiedenen Spaltformen und Fangrohrabständen s bei unterschiedlichen Volumenstromverhältnissen $\dot{V}_{Lh}/\dot{V}_{LD}$ durchgeführt. Bild 26 a-d zeigt den Abscheidewirkungsgrad ε_F in Abhängigkeit vom Fangrohrabstand s.

Bei allen Diagrammen fällt auf, daß der Abscheidewirkungsgrad ε_F mit wachsendem Fangrohrabstand s zunimmt. Bei den Anordnungen mit einem Winkel $\alpha = 30°$ (Bild 26 a,b) erreichen die Kurven ein Maximum, durchlaufen ein Zwischenminimum und nähern sich anschließend dem Wert $\varepsilon_F = 1$.

Bei den Anordnungen mit $\alpha = 10°$ bzw. bei einem abgerundeten Spalteinlauf mit e = 25 mm steigt der Abscheidewirkungsgrad ε_F mit wachsendem Fangrohrabstand s stetig an.

Das Auftreten des Zwischenminimums in den Kurven im Bild 26 a und b läßt sich genauso wie beim "senkrechten Spalt" (Abschnitt 5.3.3.1) deuten: mit zunehmendem Fangrohrabstand s verringert sich bei gleichbleibendem Volumenstromverhältnis $\dot{V}_{Lh}/\dot{V}_{LD}$ die Strömungsgeschwindigkeit von Luft und Ölfilm durch den Spalt, was zu einer zunehmend geringeren Abscheidung des Films durch den Spalt führt. Bei weiter ansteigendem Fangrohrabstand s überwiegt die auf den Film bzw. die abgelösten Teilchen wirkende Schwerkraft gegenüber der Schub und Druckkraft auf den Film, und der Filmabscheidewirkungsgrad ε_F vergrößert sich.

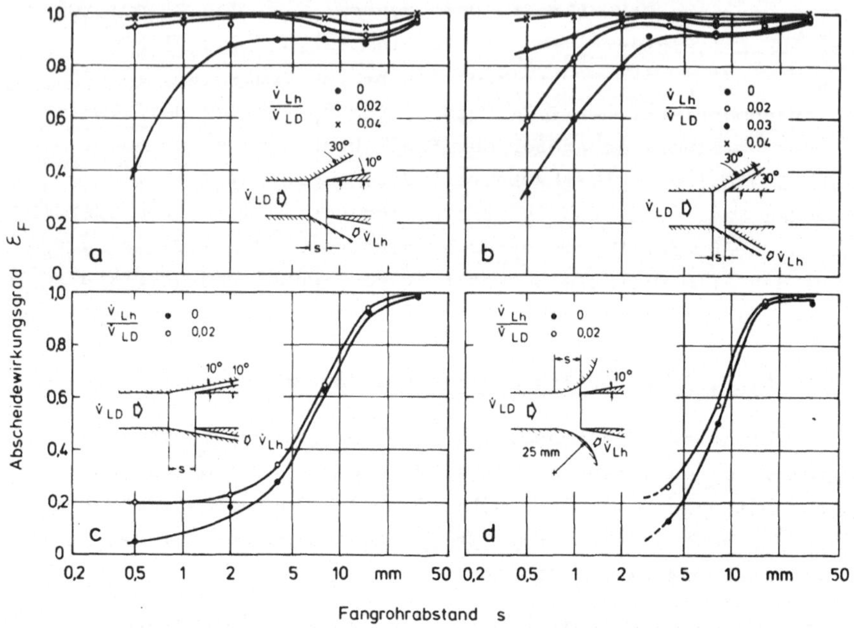

Bild 26: Filmabscheidewirkungsgrad beim "geneigten Spalt" in Abhängigkeit vom Fangrohrabstand bei verschiedenen Volumenstromverhältnissen.

a: $\alpha = 30°$, $\beta = 10°$
b: $\alpha = 30°$, $\beta = 30°$
c: $\alpha = 10°$, $\beta = 10°$
d: $e = 25mm$, $\beta = 10°$

Die Ursache für den geringeren Abscheidewirkungsgrad ε_F im Bereich kleiner Fangrohrabstände bei allen untersuchten Anordnungen mit "geneigtem Spalt" läßt sich ohne detaillierte Untersuchung der Strömungsverhältnisse im Bereich des Spalteinlaufs nicht endgültig klären. Es ist zu vermuten, daß infolge der Neigung des Spaltes zur Achse des Fangrohrs hin der Einfluß der Hauptströmung $\dot{V}_{LD}$ auf den abgelösten Ölfilm im Bereich des Spalteinlaufs zu diesem Effekt führt. Unterstützt wird die Vermutung dadurch, daß dieses Verhalten umso stärker in Erscheinung tritt, je flacher der Spalt gegen die Achse der Hauptströmung geneigt ist.

Stellt man den Abscheidewirkungsgrad ε_F in Abhängigkeit von der Spaltbreite h dar, die sich aus dem Fangrohrabstand s errechnet, so ergeben sich für das Volumenstromverhältnis $\dot{V}_{Lh}/\dot{V}_{LD}$ = 0,02 die in Bild 27 dargestellten Kurven. Es zeigt sich, daß sich für die beiden Anordnungen mit α = 30° (Bild 27 a) und für die Anordnungen mit β = 10° (Bild 27 b) jeweils ähnliche Kurven ergeben.

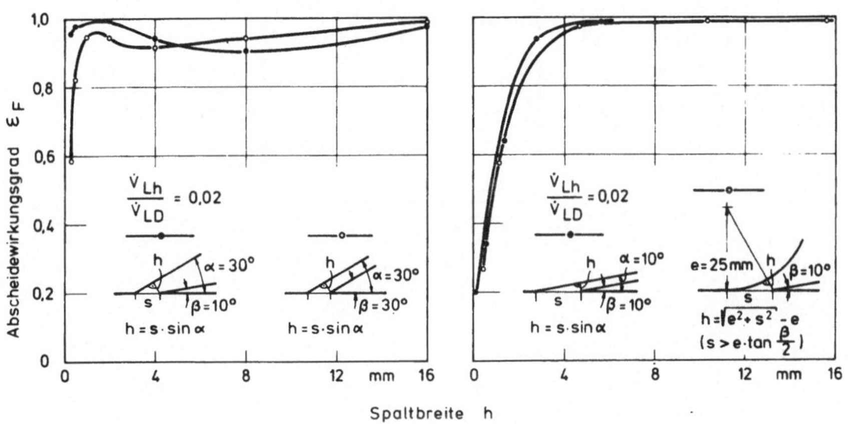

Bild 27: Filmabscheidewirkungsgrad bei geneigtem Spalt in Abhängigkeit von der Spaltbreite

5.3.3.3 Filmabscheidung beim "achsparallelen Ringspalt"

Bei Versuchen zur Abscheidung des Ölnebels durch eine Drallströmung (vgl. Abschnitt 6.3) zeigt sich, daß infolge der Strömungsform nach dem Drallkörper ein Wandölfilm entsteht, der einen stark strähnigen Charakter besitzt. Die Höhen dieser Strähnen, die sich wendelförmig auf den zur Wandölabscheidung verwendeten Spalt zubewegen, betragen ein Vielfaches der mittleren Filmdicke $\bar{\delta}_D$. Beim Ablösen der Ölsträhnen am Einlauf des Spaltes werden Teile des Films von der Hauptströmung ($\dot{V}_{LD}$) in das Fangrohr getragen. Dieser Effekt tritt zufällig auf, so daß sich kein reproduzierbarer Abscheidewirkungsgrad ε_F angeben läßt. Grundsätzlich verringert das Auftreten derartiger Strähnen den Filmabscheidewirkungsgrad ε_F.

Wegen des Auftretens dieses Effekts wird eine weitere Anordnung zur Abscheidung des Wandölfilms untersucht. Sie besteht aus einem "achsparallelen Ringspalt" der Breite h = 1 mm (Außenumfang eines Tauchrohrs) (Bild 28).

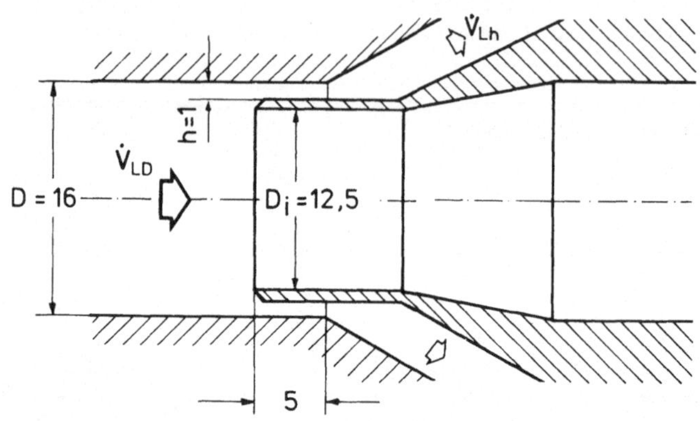

Bild 28: "Achsparalleler Ringspalt" (Tauchrohr) zur Abscheidung eines Wandölfilms

Als wesentliche Einflußgröße wird dabei das Volumenstromverhältnis $\dot{V}_{Lh}/\dot{V}_{LD}$ variiert. Zusätzlich wird neben dem in den bisherigen Versuchen eingesetzten Öl 1 das niedrigviskosere Öl 2 untersucht.

Wegen der geringen im Fangrohr abgeschiedenen Ölmasse bei nur einer Entlüftung des Druckbehälters werden im Gegensatz zu den oben beschriebenen Versuchen nacheinander zweiunddreißig Entlüftungen vorgenommen.

Bild 29 zeigt den Filmabscheidewirkungsgrad ε_F in Abhängigkeit vom Volumenstromverhältnis $\dot{V}_{Lh}/\dot{V}_{LD}$ bei Öl 1 und Öl 2.

Bei beiden Ölen nimmt der Filmabscheidewirkungsgrad ε_F mit wachsendem Volumenstromverhältnis $\dot{V}_{Lh}/\dot{V}_{LD}$ zunächst zu. Bei Öl 1 erfolgt für $\dot{V}_{Lh}/\dot{V}_{LD} > 0,025$ und bei Öl 2 für $\dot{V}_{Lh}/\dot{V}_{LD} > 0,01$ keine weitere Steigerung des Abscheidewirkungsgrades ε_F. Der höhere Filmabscheidewirkungsgrad ε_F bei Öl 2 bei kleinen Volumenstromverhältnissen $\dot{V}_{Lh}/\dot{V}_{LD}$ ist vermutlich auf die geringere Viskosität des Öls zurückzuführen, was ein besseres Abfließen des Öls durch den Spalt ins Gehäuse ermöglicht.

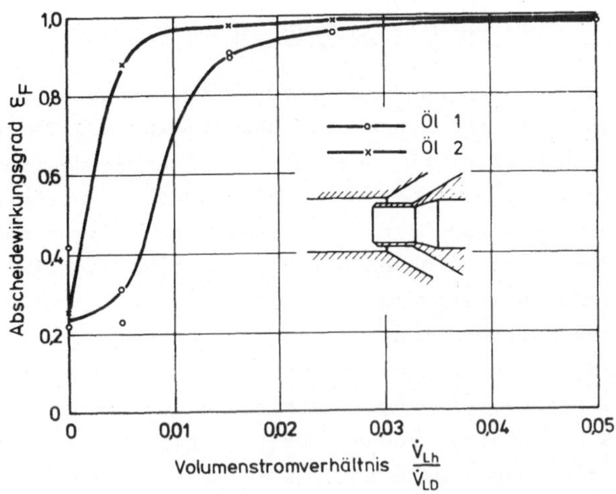

Bild 29: Filmabscheidewirkungsgrad in Abhängigkeit von Volumenstromverhältnis und Ölsorte beim "achsparallelen Ringspalt"

Diese Ergebnisse stimmen mit dem theoretisch ermittelten minimalen Volumenstromverhältnis $\dot{V}_{Lh}/\dot{V}_{LD}$ gut überein (Abschnitt 5.2.3, Gleichung (33)). Dort wurde für das Volumenstromverhältnis, bei dem der im Rohr ankommende Ölfilm gerade noch vollständig in den Spalt transportiert wird, der Wert $\dot{V}_{Lh}/\dot{V}_{LD}$ = 0,0049 errechnet.

Beim "achsparallelen Ringspalt" wird der Filmabscheidewirkungsgrad ε_F nicht vom strähnigen Ölfilm, der sich bei Drallströmungen einstellt, beeinflußt. Bei den folgenden Untersuchungen zur Ölnebelabscheidung wird deshalb diese Anordnung mit einem Volumenstromverhältnis $\dot{V}_{Lh}/\dot{V}_{LD}$ = 0,02 eingesetzt (Abschnitt 6).

6 Abscheidung von Ölnebel

6.1 Verfahren zur Aerosolabscheidung

In verschiedenen Bereichen der Technik treten teilchenbeladene Gasströmungen auf, bei denen eine Abscheidung der Teilchen aus dem Gasstrom herbeigeführt werden soll. Eine Phasentrennung kann dann erfolgen, wenn auf den Gasstrom und die mitgeführten Aerosolteilchen unterschiedlich große Kräfte wirken, so daß eine Verschiebung der Teilchen gegenüber dem Gasstrom auftritt. Ist ein Aerosolteilchen soweit verschoben worden , daß es einen Bereich der Gasströmung erreicht hat, in dem die Abtrennkräfte den Dispersionskräften überwiegen, so kommt es zur Abscheidung des Teilchens /69/. Kräfte, die zur Verschiebung von Aerosolteilchen führen, sind Schwerkraft, Trägheitskräfte, elektrische Kräfte und Stoßkräfte der Gasmoleküle auf die im Gasstrom suspendierten Teilchen (thermodynamische Kräfte).

Für den vorliegenden Anwendungsfall eignen sich solche Verfahren nicht, bei denen die Abscheidung durch die auf das Teilchen wirkende Schwerkraft erfolgt. Die Sinkgeschwindigkeit eines Teilchens mit einem aerodynamischen Durchmesser von $d_{pae} = 10$ µm (Kugel der Dichte $\rho = 1$ kg/m³) beträgt z.B. nur $v_s = 3$ mm/s. Bei den im Vergleich dazu schnellen Strömungsvorgängen bei der Entlüftung drucklufttechnischer Anlagen ist damit innerhalb technischer Grenzen keine Abscheidung möglich. Ferner scheiden Verfahren aus, deren Abscheidemechanismus auf dem Diffusionseffekt beruht, da hierbei für Teilchen mit Durchmessern $d_p > 1$ µm Verschiebegeschwindigkeiten im Bereich von nur 1 µm/s auftreten. Da ferner zur Abscheidung von Ölnebelteilchen keine Hilfsstoffe und Hilfsenergien eingesetzt werden sollen, sind Elektrofilter, Naßentstauber sowie Zentrifugen nicht anwendbar (vergl. Abschnitt 1.3). Bei der vorliegenden Aufgabenstellung ist zur Erzielung einer Phasentrennung die Abscheidung durch Trägheitskräfte möglich. Geräte, die Trägheitskräfte zur Abscheidung von Teilchen ausnutzen, können wie folgt eingeteilt werden:

a) Fliehkraftabscheider

Bei Fliehkraftabscheidern wird das Aerosol durch tangentiales

Einströmen in einen zylindrischen Raum oder durch Umströmen eines Leitapparates in Drehung versetzt. Die hierbei auf die Teilchen wirkende Trägheitskraft ist die Zentrifugalkraft. Sie erzeugt eine Verschiebung der Teilchen quer zur Strömung.

b) Umlenkabscheider

Bei Umlenkabscheidern wird das Aerosol durch Strömungskanäle geleitet, in denen der Strömung mehrfach nacheinander scharfe Richtungsänderungen aufgeprägt werden. Die dadurch auf die Teilchen wirkende Trägheitskraft führt zu einer Querbewegung der Teilchen.

c) Filternde Abscheider

Filternde Abscheider bestehen aus porösen Stoffen (Drahtgestricke, Gewebe, Vliese oder offenporige Sintermaterialien), durch die Aerosol strömt. Neben der Trägheitskraft, die bei der Umströmung von Hindernissen im Abscheider auf die Teilchen wirkt, unterstützen die Abscheidung Diffusionskräfte sowie die "Siebwirkung" der dicht nebeneinander liegenden Hindernisse.

Da gemäß der vorliegenden Aufgabenstellung (vergl. Abschnitt 1.3) keine porösen Materialien wegen der Gefahr des Verstopfens der Poren durch Staub verwendet werden sollen, scheiden filternde Abscheider sowie Umlenkabscheider mit kleinen Spaltweiten aus.

Aufgrund des einfachen Aufbaus sowie der Wartungsfreiheit werden zur Phasentrennung von Ölnebeln aus Entlüftungsöffnungen drucklufttechnischer Anlagen Anordnungen zur Fliehkraftabscheidung (im folgenden als "Drallabscheider" bezeichnet) näher untersucht und eingesetzt.

Drallabscheider ohne Strömungsumkehr besitzen im Vergleich zu Abscheidern mit Strömungsumkehr kleine Abmessungen senkrecht zur Strömungsachse. Die zur Phasentrennung erforderliche Strömung wird dabei durch einen Leitapparat (im folgenden "Drallkörper" genannt) erzeugt. Hinter dem Drallkörper bildet sich ein Niederschlag an der Innenwand des Abscheiders, der über einen "achsparallelen Ringspalt" abgeführt wird.

6.2 Theorie der Drallströmungen in kreisrunden Rohren

6.2.1 Teilchenfreie ebene Drallströmungen

Die Tangentialgeschwindigkeit u_t im Abstand r vom Mittelpunkt einer ebenen Drallströmung läßt sich häufig durch die Beziehung

$$u_t \sim r^n \qquad 1 \leq n \leq -1 \tag{34}$$

beschreiben /69/. Wichtig sind zwei Grenzfälle: Für n = + 1 erhält man eine Rotationsströmung

$$u_t \sim r \ , \tag{35}$$

bei der sich die Gasströmung wie ein um den Mittelpunkt eines Systems rotierender starrer Körper verhält. Die Tangentialgeschwindigkeit u_t im Mittelpunkt r = 0 nimmt den Wert $u_t(r=0) = 0$ an. Für n = - 1 ergibt sich eine Potentialströmung

$$u_t \sim \frac{1}{r} \ , \tag{36}$$

bei der die Tangentialgeschwindigkeit u_t zum Mittelpunkt des Systems hin zunimmt und dort theoretisch die Geschwindigkeit $u_t(r=0) \rightarrow \infty$ besitzt.

Untersuchungen an teilchenfreien Drallströmungen haben gezeigt, daß sich in kreisrunden Rohren eine Tangentialgeschwindigkeitsverteilung $u_t(r)$ einstellt, die in Wandnähe einer Potentialströmung ähnlich ist, dagegen nahe des Mittelpunktes die Merkmale einer Rotationsströmung aufweist /70,71/. Die Lage des Übergangsradius r_i, bei dem die beiden Geschwindigkeitsprofile ineinander übergehen, ist eine Funktion des axialen Abstandes vom Drallkörper, wie aus Messungen von Atagündüz hervorgeht /72,73/.

Der prinzipielle Verlauf des Geschwindigkeitsfeldes der Tangentialgeschwindigkeit ist aus Bild 30 ersichtlich. Bei Zyklonen zur industriellen Gasreinigung wird im zylindrischen Ringraum zwischen Rohrwand und dem Übergangsraidus r_i eine Geschwindigkeitsverteilung nach Gleichung (34) mit $- 0,85 \geq n \geq - 0,5$ angenommen /74,75,76/. u_{to} ist die Tangentialgeschwindigkeit an der Stelle $r=D/2$, u_{ti} ist die Tangentialgeschwindigkeit am Übergangsradius r_i.

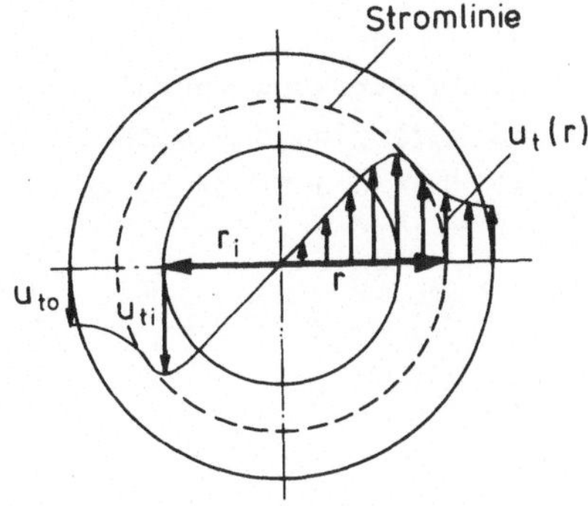

Bild 30: Tangentialgeschwindigkeitsverteilung der Luft in einer ebenen Drallströmung

6.2.2 Teilchenbewegung in ebenen Drallströmungen

Auf ein Teilchen in einer Drallströmung wirken verschiedene Kräfte. Dies sind: Trägheitskraft, Auftriebskraft, Gewichtskraft, Widerstandskraft der Strömung und Druckkraft. Von weiteren Kräften, wie Wechselwirkungen zwischen den Teilchen durch Stöße, Diffusionskräften und elektrostatischen Kräften, soll hier abgesehen werden, da diese unter den betrachteten Bedingungen vernachlässigbare Größe haben. Bei schnellen Strömungsvorgängen können ferner Gewichts- und Druckkraft für die Teilchenbewegung außer Betracht bleiben (vergl. dazu auch Abschnitt 6.1). Als Trägheitskraft wirkt auf das kugelförmige Teilchen die um den Auftrieb verminderte Zentrifugalkraft Z /49/:

$$Z = \frac{\pi}{6} \cdot d_p^3 \cdot \frac{u_t^2}{r} (\rho_F - \rho_G) \tag{37}$$

In Richtung der Relativgeschwindigkeit v_r zwischen Teilchen und Gas und damit entgegengesetzt zur Zentrifugalkraft Z wirkt die Widerstandskraft W. Für die Widerstandskraft gilt im Bereich von Reynoldszahlen des Teilchens $Re_p < 1$ das Stokessche Widerstandsgesetz /80/:

$$W = 3\pi \cdot \eta_L \cdot d_p \cdot v_r \qquad (38)$$

Unter der Voraussetzung eines stationären Strömungszustands liegt ein Kräftegleichgewicht zwischen Z und W vor, so daß sich für die Relativgeschwindigkeit v_r zwischen Teilchen und Strömung in radialer Richtung

$$v_r = \frac{d_p^2}{18} \cdot \frac{u_t^2}{r} \cdot \frac{(\rho_F - \rho_G)}{\eta_L} \qquad (39)$$

ergibt (Bild 31).

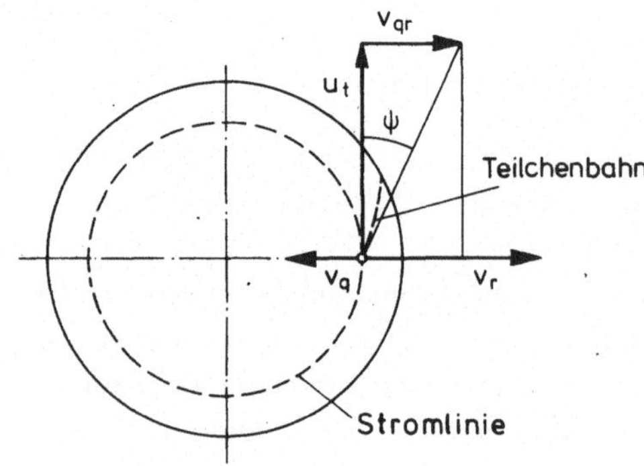

Bild 31: Geschwindigkeiten und Bahnkurve eines Teilchens in einer ebenen Drallströmung, die von einer Senkenströmung überlagert ist

Ist der Drallströmung eine nach innen gerichtete Senkenströmung überlagert, so gilt unter der Voraussetzung, daß v_q die Strömungsgeschwindigkeit des Gases und des Teilchens an der Stelle r ist, für die resultierende Teilchengeschwindigkeit:

$$v_{qr} = v_r - v_q \qquad (40)$$

Das Teilchen bewegt sich auf einer spiralförmigen Bahn, wobei die Teilchenbahn gegenüber der Stromlinie den Winkel ψ bildet, für den

$$\tan\psi = \frac{v_{qr}}{u_t} \qquad (41)$$

gilt.

Für $v_{qr} > 0$ ist die Teilchenbahn zur Rohrwand gerichtet, für $v_{qr} < 0$ dagegen in Richtung des Mittelpunkts. Für die Radialgeschwindigkeit $v_{qr} = 0$ erhält man eine Grenzbedingung, bei der das Teilchen eine Kreisbahn mit dem Radius r beschreibt. Für diesen Fall gilt nach Gleichung (40):

$$v_r = v_q \tag{42}$$

Das Teilchen besitzt nach Gleichung (39) und (42) den theoretischen Grenzteilchendurchmesser

$$d_{p50} = \sqrt{\frac{18\ v_q \cdot r \cdot \eta_L}{u_t^2\ (\rho_F - \rho_G)}} \tag{43}$$

6.2.3 "Zyklontheorie" nach Barth und Muschelknautz

In der Entstaubungstechnik werden Zyklone eingesetzt, um Schwebstoffe aus strömenden Gasen abzuscheiden. Über die Abscheidemechanismen liegen zahlreiche experimentelle und theoretische Abhandlungen vor. Die grundlegenden theoretischen Überlegungen gehen von Barth /77/ aus, der erstmals eine Beziehung für einen theoretischen Grenzteilchendurchmesser d_{p50} angibt, für den die Abscheidewahrscheinlichkeit 50 % beträgt. Dieser theoretische Grenzteilchendurchmesser entspricht dem Durchmesser d_{p50} in Gleichung (43).

Die Herleitung der für den untersuchten Abscheider wesentlichen strömungsmechanischen Grundlagen soll anhand Bild 32 erfolgen. Es zeigt den axialen Schnitt durch einen Drallabscheider, an dessen Einlauf sich ein Drallkörper der Länge l_d und nach einer Drallstrecke der Länge l_i ein "achsparalleler Ringspalt" (Tauchrohr) befindet.

Der weiteren Berechnung liegt die Modellvorstellung zugrunde, daß das in einen Drallabscheider eintretende Aerosol mit konstanter Geschwindigkeit v_q vollständig durch eine Zylinderfläche strömt, die den Innendurchmesser des Tauchrohrs $D_i = 2\ r_i$ besitzt. r_i ist ferner der Radius der Teilchenbahn r, für die der theoretische Grenzteildurchmesser d_{P50} nach Gleichung (43) gilt.

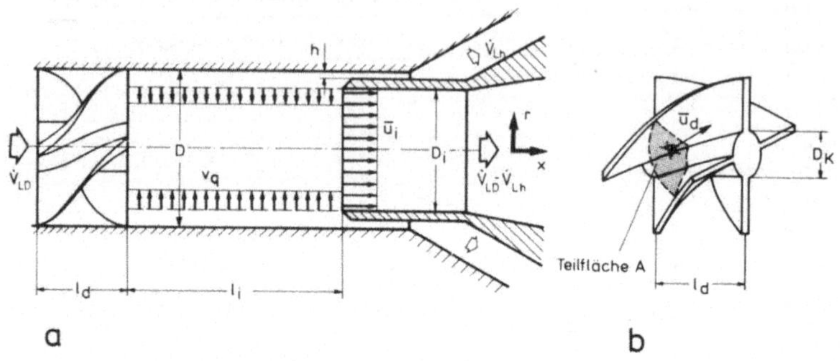

Bild 32: Bezeichnungen am Drallabscheider
a: Drallrohr
b: Drallkörper

Damit läßt sich aus der Kontinuitätsbeziehung unter Berücksichtigung der Geometrien aus Bild 32 die Geschwindigkeit v_q aus dem Volumenstrom $\dot{V}_{LD}$ errechnen:

$$v_q = \frac{\rho_{amb}}{\rho_G} \cdot \frac{\dot{V}_{LD} - \dot{V}_{Lh}}{\pi \cdot D_i \cdot l_i} \tag{44}$$

Mit Gleichung (44) erhält man aus Gleichung (43) den theoretischen Grenzteilchendurchmesser d_{p50} zu:

$$d_{p50} = \sqrt{\frac{9\,(\dot{V}_{LD} - \dot{V}_{Lh}) \cdot \eta_L \cdot \rho_{amb}}{\pi \cdot l_i \cdot u_{ti}^2 \cdot \rho_G\,(\rho_F - \rho_G)}} \tag{45}$$

Die Tangentialgeschwindigkeit u_{ti} errechnet sich nach Muschelknautz /78/ zu:

$$u_{ti} = \frac{\frac{D}{D_i}}{1 + \frac{\zeta}{2} \cdot \frac{D}{D_i} \cdot \frac{(l_i + l_d)}{D_i} \cdot \frac{u_{to}}{\bar{u}_i}} \cdot u_{to} \tag{46}$$

$\bar{u}_i$ ist die mittlere Strömungsgeschwindigkeit der Luft im Tauchrohr (vgl. Bild 30).

Am Drallkörper tritt nach Muschelknautz /79/ eine Einschnürung der Strömung ein, die zu einem Druckverlust führt. Die damit verbundene Geschwindigkeitserhöhung (bei konstantem Volumenstrom $\dot{V}_{LD}$) wird durch einen Faktor κ berücksichtigt:

$$\kappa = \frac{\bar{u}_d}{u_{to}} \frac{\bar{D}}{D} \tag{47}$$

$\bar{u}_d$ ist die mittlere Geschwindigkeit der Luft senkrecht zur freien Drallkörperfläche A. Der mittlere Drallkörperdurchmesser $\bar{D}$ ist der arithmetische Mittelwert aus dem Rohrdurchmesser D und dem Drallkörper-Kerndurchmesser D_K:

$$\bar{D} = \frac{1}{2} (D + D_k) \tag{48}$$

Nach /79/ gilt für Drallkörper mit einfachen geraden Schaufeln:

$$\kappa = 0{,}85$$

Mit der Kontinuitätsgleichung für die freie Drallkörperfläche A wird die mittlere Geschwindigkeit $\bar{u}_d$ errechnet:

$$\bar{u}_d = \frac{p_{amb}}{p_G} \cdot \frac{\dot{V}_{LD}}{A} \tag{49}$$

Aus (49) und (47) erhält man eine Beziehung für die Tangentialgeschwindigkeit u_{to} an der Rohrwand:

$$u_{to} = \frac{1}{\kappa} \cdot \frac{p_{amb}}{p_G} \cdot \frac{\bar{D}}{D \cdot A} \cdot \dot{V}_{LD} \tag{50}$$

Die in Gleichung (46) noch unbekannte mittlere Geschwindigkeit $\bar{u}_i$ errechnet sich aus der Kontinuitätsgleichung für den freien Tauchrohrquerschnitt:

$$\bar{u}_i = \frac{p_{amb}}{p_G} \cdot \frac{4 (\dot{V}_{LD} - \dot{V}_{Lh})}{\pi \cdot D_i^2} \tag{51}$$

Mit (50) und (51) erhält man aus (46):

$$u_{ti} = \frac{\frac{1}{\kappa} \cdot \frac{\rho_{amb}}{\rho_G} \cdot \frac{\overline{D}}{D_i \cdot A} \cdot \dot{V}_{LD}}{1 + \frac{\pi}{8} \cdot \frac{\zeta}{\kappa} \cdot \frac{(l_i + l_d)\overline{D}}{A} \cdot \frac{\dot{V}_{LD}}{\dot{V}_{LD} - \dot{V}_{Lh}}} \qquad (52)$$

Der theoretische Grenzteilchendurchmesser d_{p50} läßt sich nun aus (45) unter Verwendung von (52) errechnen. Für den Widerstandsbeiwert ζ kann nach /77/ der Wert $\zeta = 0{,}02$ angenommen werden.

Neuere Untersuchungen haben ergeben, daß die Geschwindigkeitsverteilungen in teilchenbeladenen Drallströmungen stark von den theoretischen Verteilungen in einer reinen Gas-Drallströmung abweichen können /80/. Außerdem zeigt sich, daß bei kleinen Drallabscheider-Bauarten zur Abscheidung von Teilchen mit $d_p < 5$ µm der Einfluß der Turbulenz auf den Abscheidewirkungsgrad ε_N stark zunimmt. Das bedeutet, daß mit geringeren Abscheidewirkungsgraden ε_N zu rechnen ist, als dies die Berechnung nach der "Zyklontheorie" erwarten läßt /81/.

Obwohl das Modell der "Zyklontheorie" die tatsächlichen Strömungsvorgänge nur angenähert wiedergibt, hat sich durch zahlreiche Untersuchungen an verschiedenen Drallabscheider-Bauarten eine gute Übereinstimmung mit Messungen ergeben. Das Modell der "Zyklontheorie" umfaßt sowohl Drallabscheider mit Strömungsumkehr (Tangential-Zyklone) als auch ohne Strömungsumkehr (Axial-Zyklone) weitgehend ohne Beschränkung der Baugröße /75,78,79,82,83,84/.

Für die vorliegenden Untersuchungen wird die "Zyklontheorie" zur Abschätzung des theoretischen Grenzteilchendurchmessers d_{p50} beim Versuchsmodell zur Ölnebelabscheidung verwendet (vgl. Abschnitt 6.3.1).

Für die vier bei den experimentellen Untersuchungen verwendeten Drallkörper (Abschnitt 6.3.1, Bild 36) werden die in Bild 33 dargestellten theoretischen Grenzteilchendurchmesser d_{p50} in Abhängigkeit von der Reynoldszahl der Rohrströmung vor dem Drallkörper Re_{LD} bei einer Drallstrecke l_i = 50 mm errechnet.

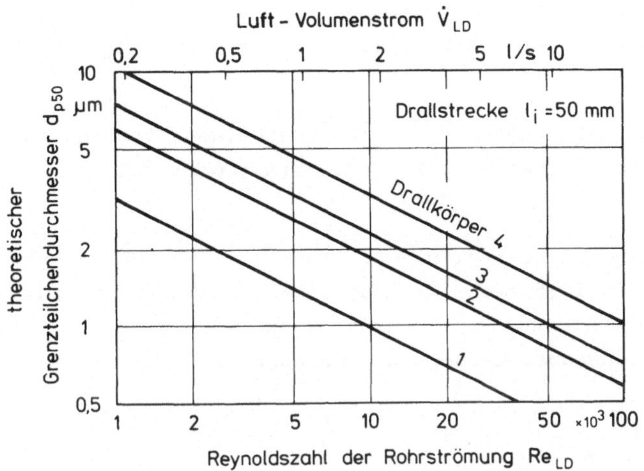

Bild 33: Abhängigkeit des theoretischen Grenzteilchendurchmessers von der Reynoldszahl der Rohrströmung bei den vier untersuchten Drallkörpern (errechnet nach der "Zyklontheorie")

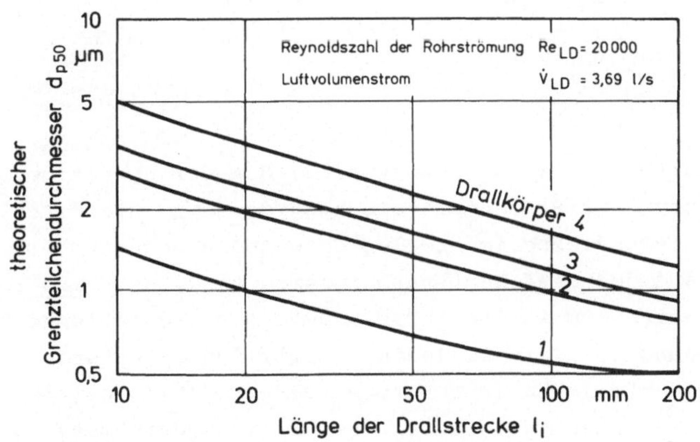

Bild 34: Abhängigkeit des theoretischen Grenzteilchendurchmessers von der Länge der Drallstrecke bei den vier untersuchten Drallkörpern (errechnet nach der "Zyklontheorie")

Bild 34 zeigt für eine Reynoldszahl der Rohrströmung Re_{LD} = 20 000 die nach der "Zyklontheorie"errechneten Abhängigkeiten des theoretischen Grenzteilchendurchmessers d_{p50} von der Länge der Drallstrecke l_i.

Der Stufenentstaubungsgrad ε_{Ni} eines Abscheiders gibt an, welcher Massenanteil einer Teilchengrößenfraktion i mit der Gesamtmasse m_i abgeschieden wird /29/.

Ist die Volumensummenverteilung Q_3 einer Teilchengrößenverteilung bekannt, so läßt sich der Abscheidewirkungsgrad ε_N aus dem Stufenentstaubungsgrad ε_{Ni} und der Masse m_i der Teilchen des mittleren Teilchendurchmessers $\bar{d}_{pi}$ errechnen:

$$\varepsilon_N = \sum \varepsilon_{Ni}(\bar{d}_{pi}) \cdot \frac{m_i}{\Sigma m_i} \tag{53}$$

Bei einem Drallabscheider mit einem theoretischen Grenzteilchendurchmesser d_{p50} werden alle Teilchen mit einem Durchmesser $d_p > d_{p50}$ abgeschieden, während alle Teilchen mit $d_p < d_{p50}$ den Abscheider durch das Tauchrohr verlassen. Das bedeutet, daß der Stufenentstaubungsgrad ε_{Ni} die Form

$$\varepsilon_{Ni} = \begin{cases} 0 & \text{für } d_p < d_{p50} \\ 1 & \text{für } d_p > d_{p50} \end{cases} \tag{54}$$

besitzt.

Bereits von Barth /77/ wird festgestellt, daß der unstetige Übergang in der Kurve des Stufenentstaubungsgrades ε_{Ni} nicht realistisch ist. Aufgrund experimenteller Untersuchungen gibt er einen stetigen Verlauf des Stufenentstaubungsgrades ε_{Ni} an. Bild 35 gibt die von Barth ermittelte Kurve sowie die theoretische Kurve nach Gleichung (54) wieder (entn. /49/). Andere Autoren ermitteln experimentell ähnliche Kurven (vergl. /49/), bei denen jedoch der Stufenentstaubungsgrad ε_{Ni} bei Teilchendurchmessern $d_p > d_{p50}$ unter der von Barth angegebenen Kurve liegt.

In Abschnitt 6.3.3.6 wird der nach der Zyklontheorie rechnerisch ermittelte Abscheidewirkungsgrad ε_N mit eigenen Messungen verglichen.

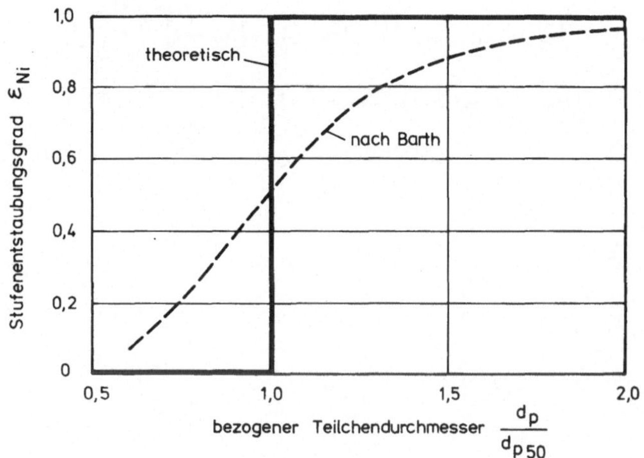

Bild 35: Stufenentstaubungsgrad eines Drallabscheiders in Abhängigkeit vom auf den theoretischen Grenzteilchendurchmesser bezogenen Teilchendurchmesser

6.3 Experimentelle Untersuchungen zur Abscheidung von Ölnebel

6.3.1 Versuchsmodell zur Ölnebelabscheidung

Für die in den folgenden Abschnitten beschriebenen Messungen wird ein Versuchsmodell zur Abscheidung von Ölnebel durch Drallströmungen verwendet. Die wesentlichen geometrischen Parameter, nämlich die Gestalt des Drallkörpers sowie die Länge der Drallstrecke l_i, sind veränderbar (Bild 36).

In einem zylindrischen Führungsrohr befinden sich verschiedene austauschbare zylindrische Einsätze. Nach Montage des Versuchsmodells ergibt sich im Führungsrohr in Strömungsrichtung folgende Anordnung: Vorlaufrohr, Wandölvorabscheider ("achsparalleler Ringspalt"), Einsatz mit eingebautem Drallkörper, Einsätze mit unterschiedlicher Länge in Abstufung von 12,5 mm.

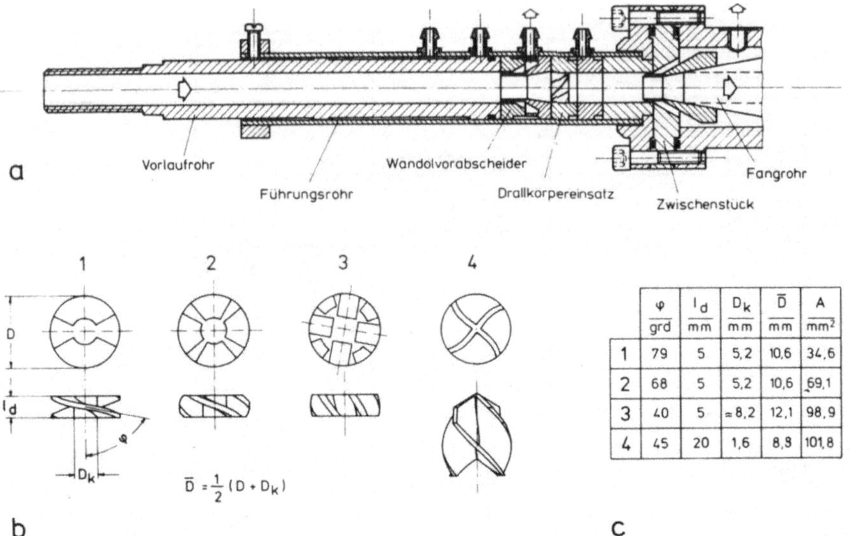

	φ grd	l_d mm	D_k mm	$\bar{D}$ mm	A mm²
1	79	5	5,2	10,6	34,6
2	68	5	5,2	10,6	69,1
3	40	5	≈ 8,2	12,1	98,9
4	45	20	1,6	8,8	101,8

Bild 36: Versuchsmodell zur Ölnebelabscheidung
a: Gesamtansicht
b: Drallkörper
c: geometrische Daten der Drallkörper

An das Führungsrohr wird das Gehäuse mit eingebautem Fangrohr und aufgesetztem Tauchrohr des zuvor beschriebenen Versuchsmodells zur Wandölfilmabscheidung angeflanscht (vgl. Abschnitt 5.3.1). Sowohl das Gehäuse als auch der Wandölvorabscheider können über Strömungsdrosseln entlüftet werden. Zur Entlüftung des Wandölvorabscheiders sind in der Wandung des Führungsrohrs in Abständen von 12,5 mm Entlüftungsöffnungen angebracht, die bedarfsweise verschlossen bzw. mit einer Strömungsdrossel bestückt werden können.

6.3.2 Durchführung der Versuche zur Ölnebelabscheidung bei stationärer Strömung

Für die Versuche zur Ölnebelabscheidung bei stationärer Strömung wird mit dem in Abschnitt 3.1 beschriebenen Versuchsstand Ölnebel erzeugt und dem Versuchsmodell zur Ölnebelabscheidung zugeführt.

Neben den geometrischen Parametern des Versuchsmodells (vergl. Bild 36) wird der Luft-Volumenstrom $\dot{V}_{LD}$ durch das Versuchsmodell variiert. Die Einstellung des Luft-Volumenstroms $\dot{V}_{LD}$ erfolgt dabei durch Öffnen von Ausgängen des Versuchsstandes zur Ölnebelerzeugung und/oder durch Zumischen eines Verdünnungsluftstromes $\dot{V}_{LV}$ (vergl. Abschnitt 3.1).

Die durch das Versuchsmodell strömende Restaerosolmenge wird durch ein Absolutfilter geleitet (Abschnitt 3.1.4, Bild 11). Das Ausströmen erfolgt gegen den Widerstand dieses Absolutfilters und eines nachgeschalteten Schwebekörperdurchflußmessers.

Alle Versuche werden mit Ölnebel der gleichen Teilchengrößenverteilung durchgeführt (Abschnitt 3.2.4, Bild 13). Dazu werden am Versuchsstand der Luft-Volumenstrom durch die Zerstäubereinheit zu $\dot{V}_{LS}$ = 22,2 l/s und die Drehzahl der Zerstäubereinheit zu $n_s = 308\ s^{-1}$ eingestellt. Die Aerosolmassendichte $c_{pm} = \dot{m}_{Öl}/\dot{V}_{LD}$ wird bei allen Versuchen in den Grenzen 83 mg/m³ $< c_{pm} <$ 140 mg/m³ konstant gehalten (Öl 1).

Das Volumenstromverhältnis $\dot{V}_{Lh}/\dot{V}_{LD}$ der Strömungen durch den "achsparallelen Ringspalt" und durch die Drallstrecke beträgt $\dot{V}_{Lh}/\dot{V}_{LD} = 0{,}02$.

Wesentliche Einflußgrößen auf den theoretischen Grenzteilchendurchmesser d_{p50} und damit auf den Abscheidewirkungsgrad ε_N sind nach Gleichung (45) und (52) (Abschnitt 6.2.3):

- o Luft-Volumenstrom $\dot{V}_{LD}$
- o Länge der Drallstrecke l_i
- o Tauchrohrinnendurchmesser D_i
- o freie Drallkörperfläche A
- o Dichte der Ölteilchen ρ_F

Die Dichten des Öls sind bei Öl 1 und Öl 2 annähernd gleich und typisch für industriell verwendete Schmierstoffe. Ihr Einfluß auf den Abscheidewirkungsgrad ε_N ist damit von untergeordneter Bedeutung. Der Tauchrohrinnendurchmesser D_i wird konstant gehalten und im Hinblick auf einen geringen Druckverlust des Drallabscheiders möglichst groß gewählt (D_i = 12,5 mm).

In den folgenden Abschnitten wird der Einfluß der Größen $\dot{V}_{LD}$, l_i und A (in Abhängigkeit von der Drallkörpergeometrie) auf den Abscheidewirkungsgrad ε_N untersucht.

6.3.3 Versuchsergebnisse zur Ölnebelabscheidung bei stationärer Strömung

6.3.3.1 Ölverteilung im Versuchsmodell zur Ölnebelabscheidung

Um die Verteilung der nach Versuchsende in den verschiedenen Bereichen des Versuchsmodells abgeschiedenen Ölmassen zu ermitteln, werden die einzelnen Massenanteile jeweils gesondert gemessen (vergl. Abschnitt 2.2). Die Ölmassen in den Versuchsmodellteilen werden im folgenden auf die gesamte im Versuchsmodell hinter dem Wandölvorabscheider und im Absolutfilter abgeschiedene Ölmasse bezogen. Der sich im Vorlaufrohr bildende Wandölfilm wird durch den Wandölvorabscheider abgeführt und nicht in die Messung einbezogen.

Bei dem mit Drallkörper 3 bestückten Versuchsmodell ergibt sich, in Abhängigkeit von der Reynoldszahl Re_{LD} bzw. dem Luft-Volumenstrom $\dot{V}_{LD}$, die in Bild 37 dargestellte Ölverteilung.

Die Ölverteilung im Versuchsmodell ist typisch für alle untersuchten Anordnungen:

In Drallkörper und Drallstrecke nimmt die relative abgeschiedene Ölmasse mit zunehmender Reynoldszahl Re_{LD} ab. Während des Versuchs bildet sich hier infolge der Drallabscheidung ein Ölfilm, der durch den Ringspalt (Wandölabscheider) abgeführt wird.

In Wandölabscheider (innen) und Gehäuse nimmt die relative abgeschiedene Ölmasse mit zunehmender Reynoldszahl Re_{LD} zu. Im Gehäuse sammelt sich das in der Drallstrecke abgeschiedene und durch den Ringspalt abgeführte Öl.

In Fangrohr und Absolutfilter sinkt die relative abgeschiedene Ölmasse bei steigender Reynoldszahl Re_{LD} zunächst stark, durchläuft ein Minimum und steigt mit weiter zunehmender Reynoldszahl Re_{LD} geringfügig an.

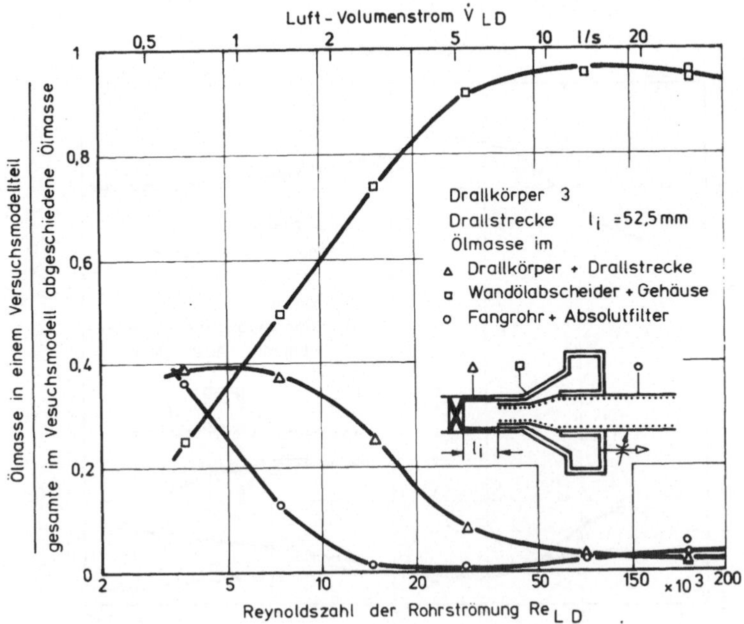

Bild 37: Ölmassenverteilung im Versuchsmodell zur Ölnebelabscheidung in Abhängigkeit der Reynoldszahl der Rohrströmung (mit Drallkörper 3)

Bild 38 zeigt die Ölverteilung in dem Versuchsmodell zur Ölnebelabscheidung ohne Drallkörper. Die Länge des Rohrstücks vor dem Ringspalt ist gleich der Länge des Drallkörpers und der Drallstrecke (l_d + l_i) bei den in Bild 37 dargestellten Versuchen.

Vergleicht man die in den Bildern 37 und 38 gezeigten Ergebnisse, so ist die Wirkung des Drallkörpers auf die Ölnebelabscheidung deutlich zu erkennen. Während für Re_{LD} >10 000 im Versuchsmodell ohne Drallkörper 80 bis 90 % des eingegebenen Ölnebels in das Fangrohr und das nachgeschaltete Absolutfilter gelangen, beträgt dieser Anteil beim Versuchsmodell mit Drallkörper 3 maximal 6 %.

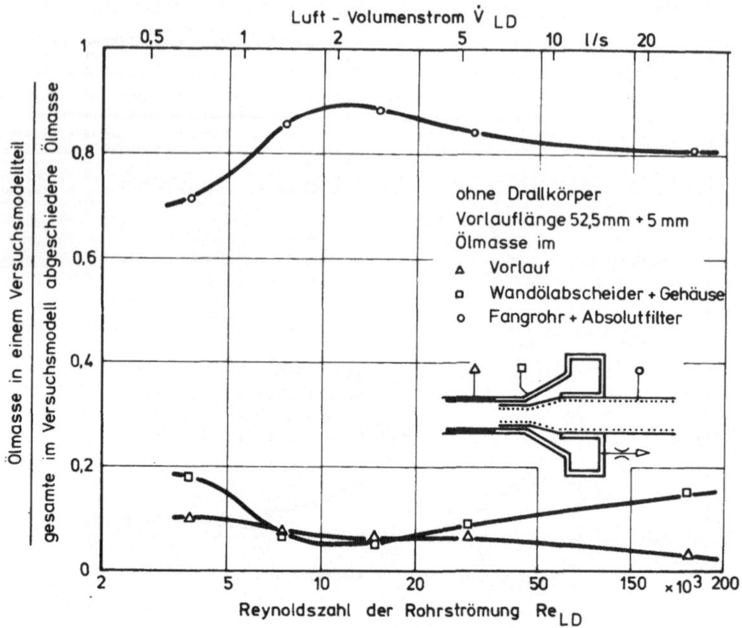

Bild 38: Ölmassenverteilung im Versuchsmodell zur Ölnebelabscheidung in Abhängigkeit der Reynoldszahl der Rohrströmung (ohne Drallkörper)

6.3.3.2 Einfluß der Drallkörpergeometrie und der Reynoldszahl Re_{LD}

Es werden zunächst drei Drallkörper untersucht, die gleiche Gesamtlängen (l_d = 5 mm) und unterschiedliche Steigungswinkel φ und freie Flächen A besitzen (vergl. Bild 36).

Bild 39 zeigt den Abscheidewirkungsgrad ε_N bei diesen drei Drallkörpern in Abhängigkeit der Reynoldszahl Re_{LD}.

Der Abscheidewirkungsgrad ε_N für die untersuchten Drallkörper steigt mit wachsender Reynoldszahl Re_{LD} bis zu einem Maximum bei Re_{LD} = 20 000 und fällt anschließend gering ab.

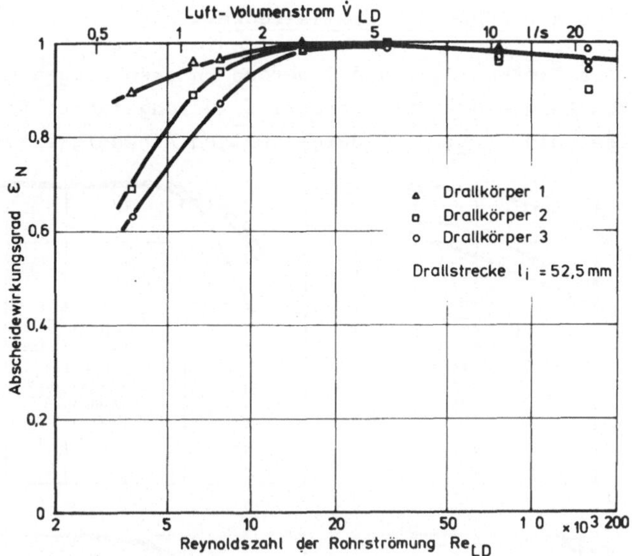

Bild 39: Ölnebelabscheidewirkungsgrad bei verschiedenen Drallkörpern in Abhängigkeit der Reynoldszahl

Bei den drei untersuchten Drallkörpern ist der Abscheidewirkungsgrad ε_N bei Reynoldszahlen $Re_{LD} \geq 15\,000$ nahezu gleich. Nur im Bereich kleiner Reynoldszahlen Re_{LD} ist ein Unterschied festzustellen, der darauf hinweist, daß der Abscheidewirkungsgrad ε_N mit zunehmendem Steigungswinkel φ des Drallkörpers und kleiner werdender freier Drallkörperfläche A größer wird.

Die Ergebnisse stimmen mit der Aussage der errechneten Kurven in Bild 33 (Abschnitt 6.2.3) überein. Der theoretische Grenzteilchendurchmesser d_{p50} wird mit steigender Reynoldszahl Re_{LD} und abnehmender freier Drallkörperfläche A (Drallkörper 3 gegenüber 2 und 1) kleiner, was ein Ansteigen des Abscheidewirkungsgrades ε_N zur Folge hat.

6.3.3.3 Einfluß der Länge der Drallstrecke

Für die drei Drallkörper 1, 2 und 3 werden Untersuchungen mit unterschiedlichen Längen der Drallstrecke l_i durchgeführt. Es ergeben sich dabei die in Bild 40 dargestellten Abhängigkeiten.

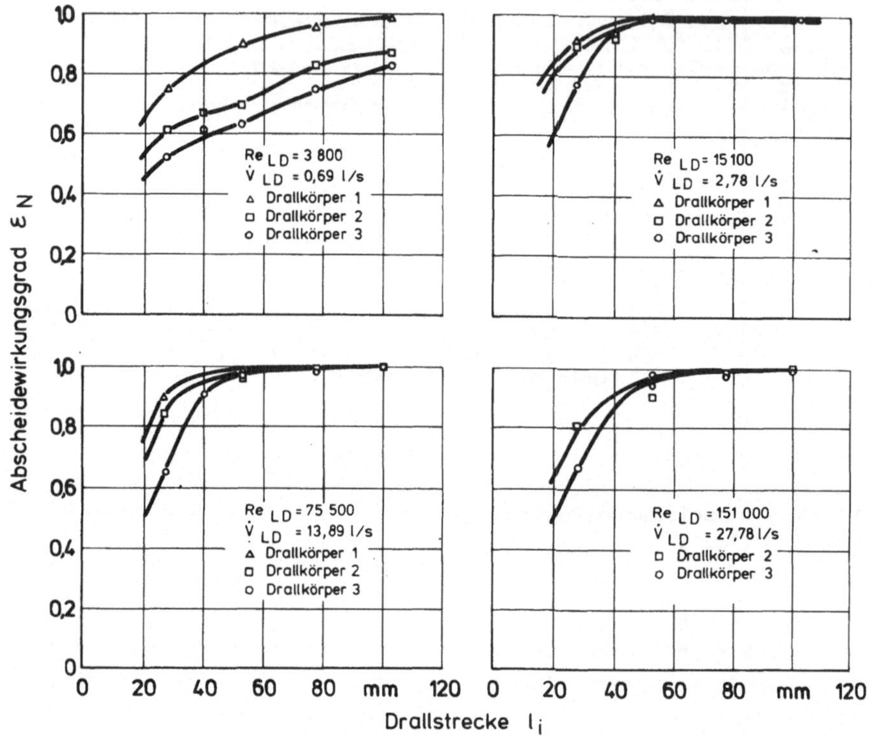

Bild 40: Ölnebelabscheidewirkungsgrad in Abhängigkeit von der Länge der Drallstrecke

Die Kurven der Abscheidewirkungsgrade ε_N verlaufen für alle drei Drallkörper ähnlich. Charakteristisch ist das Ansteigen der Abscheidewirkungsgrade ε_N mit zunehmender Länge der Drallstrecke l_i. Für Reynoldszahlen $Re_{LD} \geq 15\,100$ liegen die Abscheidewirkungsgrade für eine Länge der Drallstrecke $l_i > 60$ mm bei $\varepsilon_N > 0{,}95$. Dabei ist im Rahmen der Meßgenauigkeit keine eindeutige Abhängigkeit des Abscheidewirkungsgrades ε_N von der Gestalt des Drallkörpers und der Länge der Drallstrecke l_i vorhanden.

Die Kurven entsprechen der oben beschriebenen Theorie. Wie der Vergleich mit Bild 34 (Abschnitt 6.2.3) zeigt, wird mit zunehmender Länge der Drallstrecke l_i der theoretische Grenzteilchendurchmesser d_{p50} kleiner. Dies drückt sich bei vorgegebener Aerosol-Teilchengrößenverteilung in einer Steigerung des Abscheidewirkungsgrades ε_N aus.

6.3.3.4 Druckverluste der untersuchten Drallkörper

Die drei bisher untersuchten Drallkörper unterscheiden sich durch den Druckverlust, den sie im Strömungsmedium hervorrufen.

Die absoluten Drücke vor und hinter dem Drallkörper werden in einem glatten Rohr mit einem Durchmesser D = 16 mm gemessen. Die Anordnung zur Druckmessung ist Bild 41 b zu entnehmen. Bild 41 a zeigt die Druckverlustkennlinien der drei Drallkörper und der Drallstrecke in Abhängigkeit von der Reynoldszahl Re_{LD} bei verschiedenen Drallstreckenlängen l_i.

Der Gesamtdruckverlust Δp_d der Anordnung setzt sich aus den Einzeldruckverlusten für den Drallkörper und die Drallstrecke zusammen. Wie Bild 41 a zeigt, ist der Einfluß der Länge der Drallstrecke bei den Drallkörpern mit großer freier Fläche A merklich, wobei allerdings nur beim Drallkörper 3 eine eindeutige Abhängigkeit zwischen Gesamtdruckverlust Δp_d und Länge der Drallstrecke l_i erkennbar ist. Mit größer werdender Länge der Drallstrecke l_i steigt der Druckverlustanteil der Drallstrecke infolge der größerwerdenden Rohrreibung.

Die Drallkörper 1, 2 und 3 besitzen infolge der senkrecht zur Strömungsrichtung stehenden Prallfläche und der kleinen freien Drallkörperfläche A hohe Druckverluste.

Aufgrund der Anforderungen an einen Abscheider für drucklufttechnische Anlagen (vergl. Abschnitt 1.3) wird ein geringer Druckverlust angestrebt. Deshalb wird ein weiterer Drallkörper (4) untersucht, der bezüglich des Druckverlustes minimiert ist.

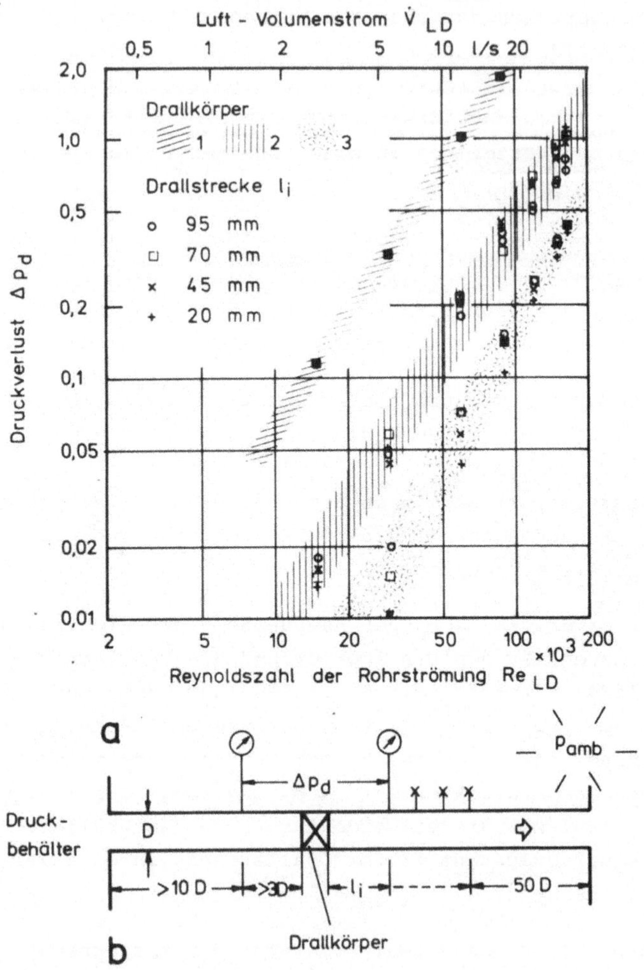

Bild 41 a: Druckverluste der Drallkörper 1, 2, 3 im glatten Rohr in Abhängigkeit der Reynoldszahl

b: Anordnung zur Druckmessung

Die vordere Stirnfläche des Drallkörpers 4 ist spitz gegen die Strömungsrichtung angestellt. Die hintere Fläche besitzt eine konische Form, die das Ablaufen des am Drallkörper abgeschiedenen

Öls unterstützt. Die Stege des Drallkörpers sind im Vergleich zu den Drallkörpern 1, 2 und 3 dünn, so daß sich eine große freie Drallkörperfläche A bei im Vergleich zu Drallkörper 3 größerem Steigungswinkel φ ergibt. Die geometrischen Daten des Drallkörpers 4 sind Bild 36 (Abschnitt 6.3.1) zu entnehmen.

Bild 42 zeigt den Druckverlust Δp_d des in ein glattes Rohr eingebauten Drallkörpers 4 und der Drallstrecke in Abhängigkeit der Reynoldszahl Re_{LD} bei verschiedenen Längen der Drallstrecke l_i.

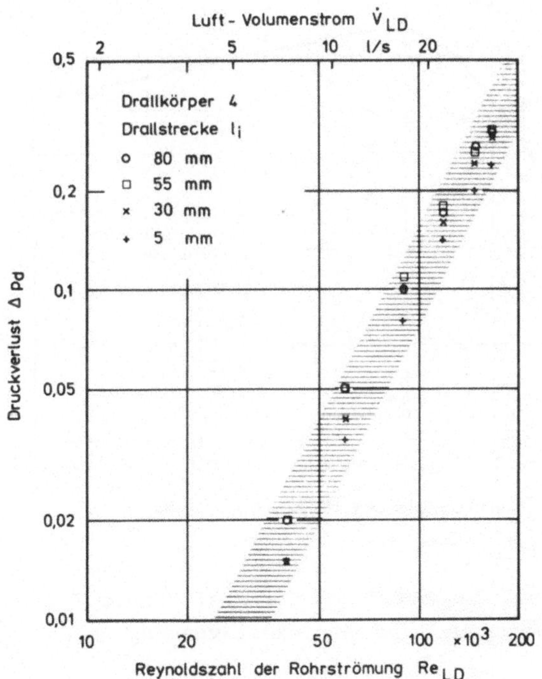

Bild 42: Druckverlust des Drallkörpers 4 im glatten Rohr in Abhängigkeit der Reynoldszahl

Der Druckverlust Δp_d der Anordnung Drallkörper und Drallstrecke ist bei Drallkörper 4 für alle Reynoldszahlen Re_{LD} geringer als der des Drallkörpers 3, der bei geringfügig kleinerer freier Drallkörperfläche A einen um 5° geringeren Steigungswinkel φ besitzt.

6.3.3.5 Abscheidewirkungsgrad beim Drallkörper mit minimalem Druckverlust

Bild 43 zeigt die Werte des Abscheidewirkungsgrades ε_N des mit Drallkörper 4 bestückten Versuchsmodells in Abhängigkeit der Reynoldszahl Re_{LD} bei verschiedenen Längen der Drallstrecke l_i.

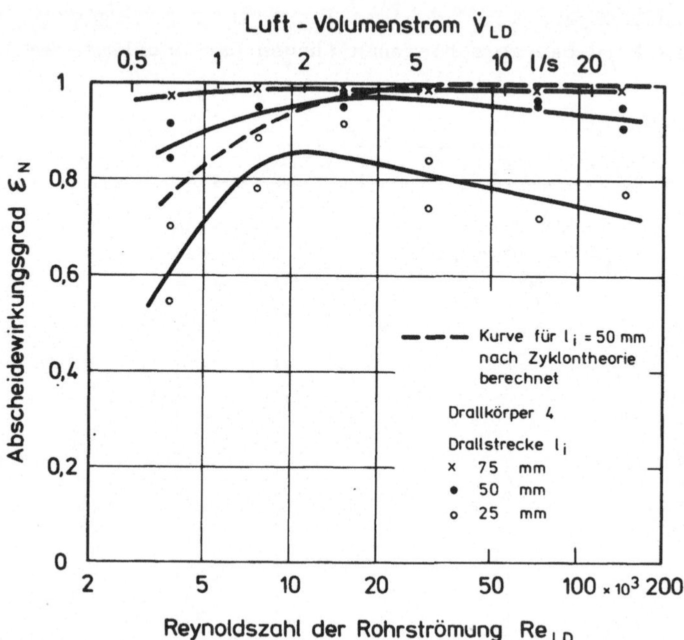

Bild 43: Abscheidewirkungsgrad des mit Drallkörper 4 bestückten Versuchsmodells in Abhängigkeit von der Reynoldszahl

Die in Bild 43 dargestellten Ergebnisse sollen am Beispiel der Kurve für die Drallstreckenlänge l_i = 50 mm mit den Kurven in Bild 39 (Abschnitt 6.3.3.2) verglichen werden.

Im Bereich von Reynoldszahlen $Re_{LD} < 10\,000$ ist der Abscheidewirkungsgrad ε_N bei Drallkörper 4 (Bild 43) größer als bei Drallkörper 2 und 3 (Bild 39). Dieses Ergebnis ist bei Betrachtung der theoretischen Grenzteilchendurchmesser d_{p50} (Bild 33) zunächst nicht zu erwarten. Der Effekt ist vermutlich darauf zurückzuführen, daß die Kontur des Drallkörpers 4 an der hinteren Fläche ein Ablösen von Öltröpfchen weitgehend verhindert. Diese Öltröpfchen werden bei den Drallkörpern 1, 2 und 3 an der senkrecht zur Drallabscheiderachse stehenden hinteren Stirnfläche losgerissen und bei kleinen Reynoldszahlen Re_{LD} nicht ausreichend durch die Drallströmung abgeschieden.

Im Bereich von Reynoldszahlen $10\,000 \leq Re_{LD} \leq 50\,000$ ist der Abscheidewirkungsgrad ε_N bei Drallkörper 4 (Bild 43) etwas schlechter als bei den Drallkörpern 1, 2 und 3 (Bild 39). Dieses Ergebnis entspricht der in Abschnitt 6.2.3 dargestellten Theorie (Bild 33), wonach der theoretische Grenzteilchendurchmesser d_{p50} für Drallkörper 4 größer als bei allen anderen untersuchten Drallkörpern ist. Zusätzlich erhöht die Prallabscheidung an den senkrecht zur Strömung stehenden Stirnflächen der Drallkörper 1, 2 und 3 den Abscheidewirkungsgrad ε_N bei großen Reynoldszahlen Re_{LD}.

Im Bereich von Reynoldszahlen $Re_{LD} > 50\,000$ sinkt der Abscheidewirkungsgrad ε_N für alle vier untersuchten Drallkörper etwa in gleichem Maß. Das bedeutet, daß in diesem Bereich der Reynoldszahlen Re_{LD} die "Zyklontheorie" nicht mehr uneingeschränkt gilt. Die Teilchenabscheidung wird hier durch die wandnahe Turbulenz gestört, da die Dicke der laminaren Grenzschicht in Wandnähe mit zunehmender Reynoldszahl Re_{LD} kleiner wird.

Bemerkenswert ist ferner, daß mit zunehmender Länge der Drallstrecke l_i der Abscheidewirkungsgrad ε_N bei Drallkörper 4 bei allen Reynoldszahlen Re_{LD} wesentlich ansteigt und bei einer Drallstreckenlänge l_i = 75 mm nahezu über den gesamten Bereich der untersuchten Reynoldszahlen Re_{LD} einen Wert von $\varepsilon_N > 0{,}98$ besitzt.

Bei vorgegebener Geometrie des Drallabscheiders und Teilchengrößenverteilung des Ölnebels am Eintritt in den Abscheider sowie bei stationärer Strömung im Abscheider ist die Relativgeschwindigkeit zwischen Teilchen und Luftströmung in radialer

Richtung v_r vom Quadrat des Teilchendurchmessers d_p abhängig (vgl. Gleichung (39), Abschnitt 6.2.2). Das bedeutet, daß Teilchen mit großem Durchmesser d_p bevorzugt abgeschieden werden. Der aus dem Abscheider austretende Restölnebel besitzt demnach eine Teilchengrößenverteilung mit einem höheren Anteil kleiner Teilchen als der Ölnebel am Eintritt des Abscheiders.

Bild 44 zeigt die Anzahlverteilungsdichten des Ölnebels am Eingang und am Ausgang des Drallabscheiders am Beispiel des Drallkörpers 4 bei einer Drallstreckenlänge l_i = 50 mm und einer Reynoldszahl Re_{LD} = 11 370.

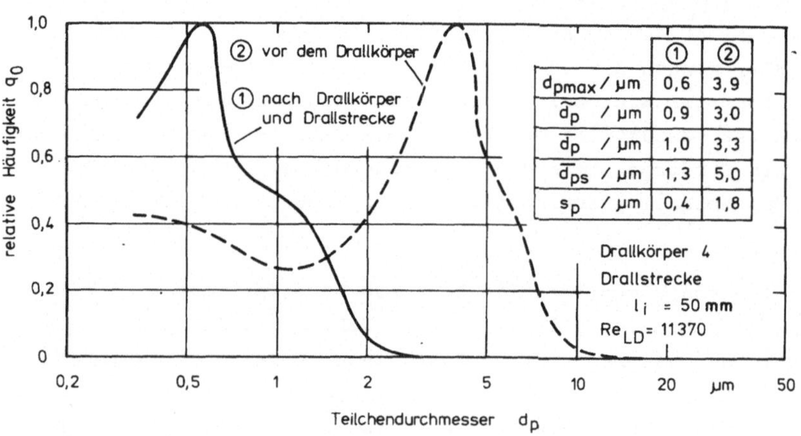

	①	②
d_{pmax} / µm	0,6	3,9
$\tilde{d}_p$ / µm	0,9	3,0
$\bar{d}_p$ / µm	1,0	3,3
$\bar{d}_{ps}$ / µm	1,3	5,0
s_p / µm	0,4	1,8

Bild 44: Anzahlverteilungsdichten des Ölnebels am Eingang und am Ausgang des Abscheiders

6.3.3.6 Vergleich der Versuchsergebnisse mit der "Zyklontheorie" nach Barth und Muschelknautz

Nach den Ausführungen in Abschnitt 6.2.3 ist es möglich, den Abscheidewirkungsgrad ε_N eines Drallabscheiders theoretisch zu berechnen. Die Ergebnisse dieser Berechnungen wurden bisher hauptsächlich auf Zyklone, wie sie in der industriellen Entstaubungstechnik eingesetzt werden, angewendet. Dort hat sich eine gute Übereinstimmung mit experimentellen Ergebnissen gezeigt (vgl. Abschnitt 6.2.3).

Der in der vorgelegten Arbeit untersuchte Drallabscheider unterscheidet sich von den in der Entstaubungstechnik eingesetzten Geräten insbesondere durch die Bauform und durch die im Abscheiderraum auftretenden Teilchengeschwindigkeiten. Die theoretischen Grenzteilchendurchmesser d_{p50} sind bei dem untersuchten Drallabscheider kleiner als bei denjenigen Abscheidern, für die die dargelegte "Zyklontheorie" entwickelt wurde (vergl. Bild 33, Abschnitt 6.2.3). Dennoch zeigt ein Vergleich mit eigenen Meßergebnissen die Gültigkeit der Theorie in dem untersuchten Bereich.

Der Vergleich wird am Beispiel des Drallkörpers 4 mit der Länge der Drallstrecke l_i = 50 mm durchgeführt. In Bild 43 ist die nach der "Zyklontheorie" berechnete Abscheidewirkungsgradkurve $\varepsilon_N = \varepsilon_N(Re_{LD})$ für eine Drallstreckenlänge l_i = 50 mm eingetragen. Die Kurve ist unter Zugrundelegung des Diagramms in Bild 33 sowie mit den von Barth /77/ angegebenen Fraktionsabscheidegraden ε_{Ni} (Bild 35) berechnet (Abschnitt 6.2.3).

Es ergibt sich im Vergleich mit der aus den Meßwerten für eine Länge der Drallstrecke l_i = 50 mm gebildeten Kurve im Bereich kleiner Reynoldszahlen $Re_{LD} < 8000$ eine befriedigende Übereinstimmung mit der Theorie. Dabei zeigt sich bei den Meßergebnissen ein etwas geringerer Einfluß der Reynoldszahl Re_{LD} auf den Abscheidewirkungsgrad ε_N als bei der Rechnung. Für größere Reynoldszahlen Re_{LD} strebt die theoretische Kurve stark dem maximalen Abscheidewirkungsgrad $\varepsilon_N = 1$ zu, während die Kurve der Meßwerte hier leicht sinkt. Dieses Absinken des Abscheidewirkungsgrad ε_N ist auf den mit wachsender Reynoldszahl größer werdenden Einfluß der Turbulenz im Bereich der Drallstrecke zurückzuführen.

Auf den Einfluß der Turbulenz in Drallabscheidern für Teilchendurchmesser $d < 5$ µm weist Heyma /81/ hin. Durch theoretische Betrachtungen und Messungen der Turbulenzgeschwindigkeit im Abscheideraum eines Zyklons wird festgestellt, daß der Abscheidewirkungsgrad ε_N für Teilchen mit $d_p < 5$ µm geringer ist, als sich bei Verwendung der "Zyklontheorie" ergibt.

Zusammenfassend kann man aus den eigenen Messungen feststellen, daß es möglich ist, den Abscheidewirkungsgrad ε_N eines Drallabscheiders auch im Bereich der in der vorgelegten Arbeit untersuchten Geometrien und Strömungsparameter theoretisch abzuschätzen. Dabei ist davon auszugehen, daß der tatsächliche Abscheidewirkungsgrad im Bereich hoher Reynoldszahlen $Re_{LD} > 12\,000$ und damit kleiner theoretischer Grenzteilchendurchmesser $d_{p50} < 3$ µm kleiner ist, als es die "Zyklontheorie" erwarten läßt.

6.3.4 Gesamtabscheidewirkungsgrad des Drallabscheiders bei Betrieb an einer drucklufttechnischen Anlage

6.3.4.1 Durchführung der Versuche zur Ölnebelabscheidung an einer drucklufttechnischen Anlage

Bei impulsartigen Entlüftungsvorgängen an drucklufttechnischen Geräten ist keine einfache Zuordnung zwischen Luft-Volumenstrom $\dot{V}_{LD}$ und Gesamtabscheidewirkungsgrad ε_{Ges} möglich. Damit sind die bisher durchgeführten Untersuchungen zur Drallabscheidung bei stationärer Strömung nicht unmittelbar auf instationäre Entlüftungen zu übertragen. Um die Eignung des Abscheiders für instationäre Entlüftungsvorgänge festzustellen, werden Untersuchungen zur Abscheidung von Ölnebel an Wegeventilen gemäß Bild 16 (Abschnitt 4.1) durchgeführt. Dabei werden die in Abschnitt 4.1 beschriebenen Ventile (mit und ohne Grundplatte) sowie die Schmierstoffe Öl 1 und Öl 2 verwendet. Die Untersuchungen erfolgen zunächst an dem mit Drallkörper 4 bestückten Versuchsmodell zur Ölnebelabscheidung (Abschnitt 6.3.1, Bild 36).

Aufgrund der Ergebnisse dieser Messungen wird der Prototyp eines Ölabscheiders für drucklufttechnische Anlagen entworfen und an diesem Gerät der Abscheidewirkungsgrad ε_{Ges} in Abhängigkeit von der Expositionszeit t ermittelt.

Der Gesamtabscheidewirkungsgrad ε_{Ges} bezieht sich auf die gesamte aus dem Ventil austretende Ölmasse pro Zeiteinheit. Dazu wird beim Versuchsmodell zur Ölnebelabscheidung zusätzlich die Ölmasse im Wandölvorabscheider, jedoch nicht im Vorlaufrohr ausgewertet. Vor Versuchsbeginn wird das Vorlaufrohr am Ventil angebracht und dessen Innenfläche bei laufender Anlage ca. 10 min mit Öl benetzt. Erst dann wird das Versuchsmodell montiert und der Versuch durchgeführt.

6.3.4.2 Gesamtabscheidewirkungsgrad am Versuchsmodell zur Ölnebelabscheidung in Abhängigkeit von der Länge der Drallstrecke

Bild 45 zeigt die Abscheidewirkungsgrade ε_N und ε_{Ges} des Versuchsmodells zur Ölnebelabscheidung bei verschiedenen Drallstreckenlängen l_i.

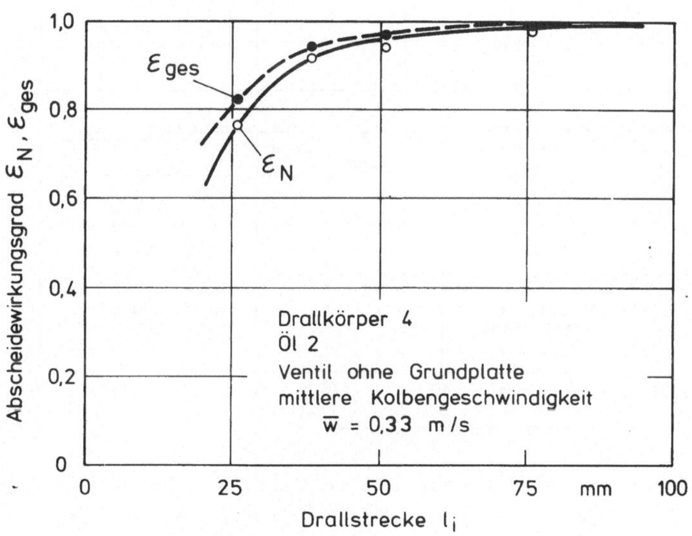

Bild 45: Ölnebelabscheidewirkungsgrad und Gesamtabscheidewirkungsgrad beim Versuchsmodell zur Ölnebelabscheidung mit Drallkörper 4 bei impulsförmiger Entlüftung in Abhängigkeit von der Länge der Drallstrecke

Erwartungsgemäß wächst der Abscheidewirkungsgrad mit zunehmender Länge der Drallstrecke l_i. Der Gesamtabscheidewirkungsgrad ε_{Ges} ist aufgrund des geringen Anteils des aus dem Ventil austretenden Wandölfilms an der gesamten Ölmasse nur geringfügig höher als der Ölnebelabscheidewirkungsgrad ε_N (vgl. Abschnitt 4.3.2, Bild 19).

6.3.4.3 Gesamtabscheidewirkungsgrad am Versuchsmodell zur Ölnebelabscheidung in Abhängigkeit von Ventilbauart und Ölsorte

In Bild 46 sind die Abscheidewirkungsgrade ε_N und ε_{Ges} in Abhängigkeit von der mittleren Kolbengeschwindigkeit $\bar{w}$ dargestellt.

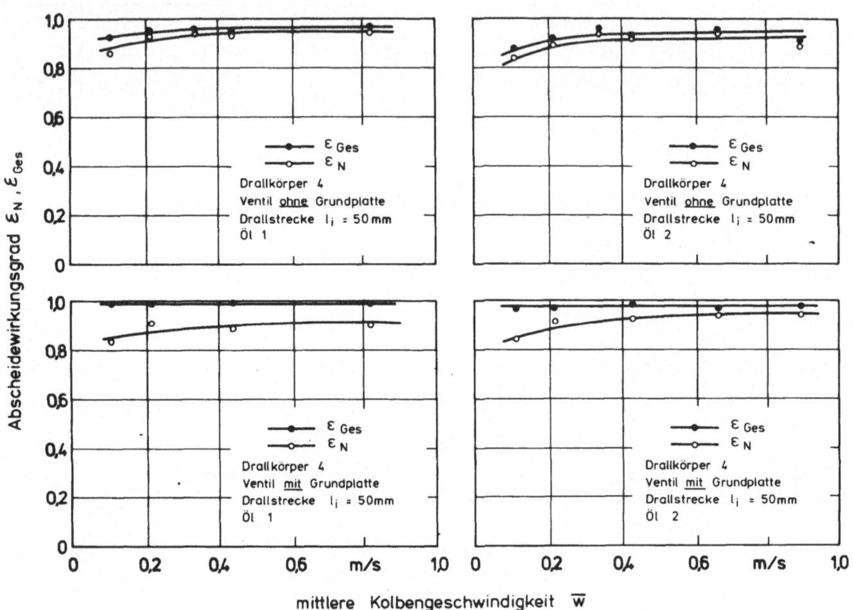

Bild 46: Ölnebelabscheidewirkungsgrad und Gesamtabscheidewirkungsgrad beim Versuchsmodell zur Ölnebelabscheidung mit Drallkörper 4 in Abhängigkeit der Kolbengeschwindigkeit

Beim Ventil mit Grundplatte ist der Anteil des Wandölfilms am Gesamtölaustrag des Ventils wesentlich höher als beim Ventil ohne Grundplatte (vgl. Abschnitt 4.3.2). Aus diesem Grund ist der Gesamtabscheidewirkungsgrad ε_{Ges}, der sich aus den Einzelabscheidewirkungsgraden für Ölnebel ε_N und für Ölfilm ε_F zusammensetzt, dort höher als beim Ventil ohne Grundplatte. Vergleicht man die Abscheidewirkungsgrade des Ölnebels ε_N bei beiden Ventilen, so sind keine wesentlichen Unterschiede festzustellen. Dieses Verhalten ist damit zu erklären, daß bei beiden Ventilbauarten die Teilchengrößenverteilung des Ölnebels ähnlich ist (vgl. Abschnitt 4.3.3).

Der Einfluß der Ölsorte auf die Abscheidewirkungsgrade ε_{Ges} und ε_N ist ebenfalls gering. Infolge der etwas kleineren Teilchen des aus dem Ventil austretenden Ölnebels bei Öl 2 ist der Abscheidewirkungsgrad ε_N verglichen mit Öl 1 kleiner.

Der Abscheidewirkungsgrad ε_N nimmt in Abhängigkeit von der mittleren Kolbengeschwindigkeit $\bar{w}$ zu. Dieser Effekt ist allerdings nur bei kleinen Kolbengeschwindigkeiten $\bar{w}$ deutlich. Er ist auf die kleineren Luftvolumenströme $\dot{V}_{LD}$ bzw. Reynoldszahlen Re_{LD} bei dieser Betriebsart zurückzuführen (vergl. Abschnitt 4.3.1, Bild 18).

6.4 Prototyp des Ölabscheiders für Entlüftungsöffnungen drucklufttechnischer Anlagen

Die in Abschnitt 6.3 dargestellten Ergebnisse haben gezeigt, daß mit dem Versuchsmodell zur Ölnebelabscheidung sowohl bei stationärer Ölnebelströmung als auch bei impulsförmigen Entlüftungsvorgängen ein hoher Abscheidewirkungsgrad ε_N zu erreichen ist. Aufgrund dieser Ergebnisse wird der Prototyp eines Ölabscheiders für Entlüftungsöffnungen drucklufttechnischer Anlagen entworfen (vergl. dazu die in Abschnitt 1.3 formulierten Anforderungen).

Die Schnittzeichnung des Prototyps zeigt Bild 47. Der Prototyp besteht aus einem kreisrunden Rohr mit einem Innendurchmesser D = 16 mm. Im vorderen Teil, der in die Entlüftungsöffnung des Wegeventils eingeschraubt wird, ist Drallkörper 4 eingebaut. Da sich die Länge der Drallstrecke als entscheidende Einflußgröße auf den Abscheidewirkungsgrad ε_N ergeben hat (vergl. Abschnitt 6.3.3.3, 6.3.3.5 und 6.3.4.2), wird diese beim Prototyp 75 mm gewählt. Ein Wandölvorabscheider wird nicht eingesetzt, um die gesamte Baulänge des Abscheiders kurz zu halten. Der in der Drallstrecke gebildete Ölfilm wird über einen "achsparallelen Ringspalt" abgeführt. Im Gehäuse des Abscheiders sammelt sich dieses Öl und wird zusammen mit dem Nebenluftstrom durch wahlweise eine der Entlüftungsöffnungen abgeführt. Diese Entlüftungsöffnung wird dazu mit einer Schlauchleitung bestückt, die in einem Ölauffangbehälter mündet. In der Ölsammelleitung befindet sich eine Strömungsdrossel, die den Luft-Volumenstrom durch das Gehäuse und die Ölsammelleitung auf $\dot{V}_{Lh}$ = 0,56 l/s bei einem stationär gemessenen Hauptluft-Volumenstrom $\dot{V}_{LD}$ = 27,8 l/s begrenzt ($\dot{V}_{Lh}/\dot{V}_{LD}$ = 0,02).

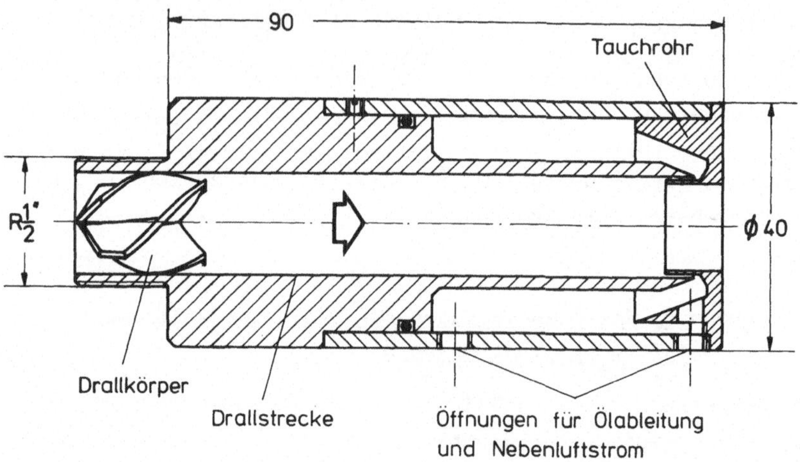

Bild 47: Prototyp des Ölabscheiders für Entlüftungsöffnungen drucklufttechnischer Anlagen

Die Entlüftungsöffnungen im Gehäuse des Prototyps sind so angebracht, daß der Abscheider in einer beliebigen Lage betrieben werden kann. Die Ölsammelleitung ist dabei immer am tiefsten Punkt des Gehäuses anzuschließen. Hinter das Tauchrohr des Prototyps kann ein Schalldämpfer zur Dämpfung des Abluftgeräuschs geschaltet werden.

Bild 48 zeigt den Abscheidewirkungsgrad ε_{Ges} bei unterschiedlicher Expositionszeit t an einer drucklufttechnischen Anlage im waagrechten Betrieb des Abscheiders. Aus diesem Diagramm ist keine Abhängigkeit des Abscheidewirkungsgrades ε_{Ges} von der Expositionszeit t festzustellen. Insbesondere betrifft dies auch kurze Zeiten t, bei denen noch keine vollständige Benetzung der Drallstrecke stattgefunden hat.

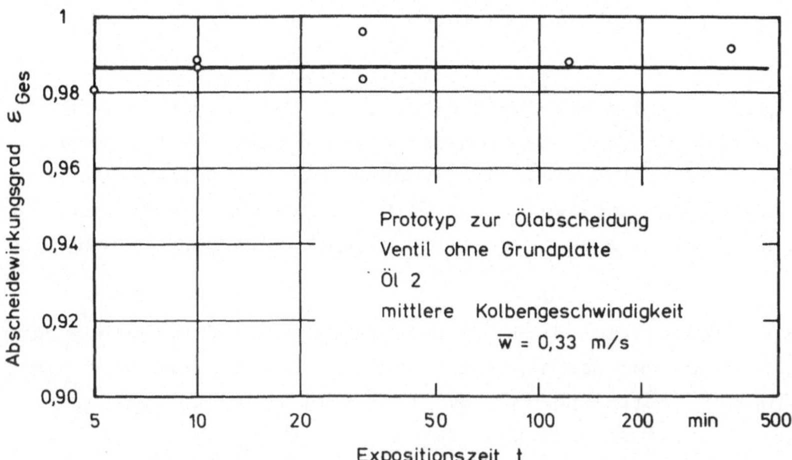

Bild 48: Abscheidewirkungsgrad des Prototyps zur Ölabscheidung an einer Entlüftungsöffnung einer drucklufttechnischen Anlage in Abhängigkeit von der Expositionszeit

6.5 Wertung der Ergebnisse

Der in Abschnitt 6.4 dargestellte Prototyp eignet sich zur Abscheidung von Fremdstoffen an Entlüftungsöffnungen drucklufttechnischer Anlagen sowohl bei stationären als auch bei instationären Strömungen (Impulsbetrieb). Die in Abschnitt 1.3 formulierten Anforderungen werden erfüllt. Insbesondere ist die Abscheidung von Fremdstoffen direkt an Entlüftungsöffnungen möglich. Die bei den bisher verwendeten (käuflichen) Filterschalldämpfern notwendige Abluftsammlung entfällt damit.

Bei allen Untersuchungen zur Film- und Nebelabscheidung wird von einem Innendurchmesser des Abscheiders von D = 16 mm ausgegangen. Da die Darstellung der Abhängigkeiten von Strömungsparametern anhand der Reynoldszahl Re_{LD} in kreisrunden Rohren erfolgt, ist eine Übertragung der Ergebnisse auf Drallabscheider kleinerer und größerer Abmessungen möglich. Durch Anwendung der "Zyklontheorie" kann der Abscheidewirkungsgrad ε_N eines Drallabscheiders für drucklufttechnische Anlagen abgeschätzt werden.

7 Zusammenfassung

Aus Entlüftungsöffnungen drucklufttechnischer Anlagen dringen Verunreinigungen hauptsächlich in Form von Öl in die Arbeitsraumluft.

In Abschnitt 1 werden die Möglichkeiten zur Beseitigung der Ölemission diskutiert und die technischen Anforderungen an einen Ölabscheider festgelegt. Aus den in Abschnitt 1.3 dargelegten Gründen ist es wünschenswert, das Öl möglichst unmittelbar an den Entlüftungsöffnungen drucklufttechnischer Anlagen abzuscheiden.

Abschnitt 2 beschäftigt sich mit der meßtechnischen Erfassung der verschiedenen Phasen des austretenden Öls. Insbesondere wird die Meßtechnik zur Ermittlung der Teilchengrößenverteilung des austretenden Ölnebels beschrieben.

Grundsätzliche Untersuchungen zur Abscheidung von Öl können nicht direkt an einer drucklufttechnischen Anlage ("Einzylindersteuerung") durchgeführt werden, da sich der Dispersionszustand des austretenden Öls innerhalb kurzer Zeit ändert und dadurch keine ausreichende Reproduzierbarkeit erreichbar ist. In Abschnitt 3 wird deshalb ein Versuchsstand zur reproduzierbaren Erzeugung von Ölfilmen und Ölnebeln mit einstellbaren Teilchengrößenverteilungen beschrieben und untersucht.

Öl tritt an Entlüftungsöffnungen drucklufttechnischer Anlagen in Form eines Films und als Nebel auf. Am Beispiel einer "Einzylindersteuerung" wird in Abschnitt 4 die Phasenverteilung des Öls und die Teilchengrößenverteilung des Ölnebels an Entlüftungsöffnungen von Wegeventilen gemessen. Der Einfluß von Ventilbauart und Ölsorte auf diese Größen wird gezeigt.

Abschnitt 5 behandelt die Abscheidung von Wandölfilmen durch Ringspalte. In einem theoretischen Teil wird aufgezeigt, daß zum Transport eines Ölfilms durch einen Spalt in der Wand eines Rohrs ein minimaler Luft-Volumenstrom durch diesen Spalt notwendig ist. Im experimentellen Teil dieses Abschnitts werden Wandölfilmabscheider untersucht und optimiert, wobei geometrische und strömungstechnische Parameter in weiten Bereichen variiert werden.

Abschnitt 6 beginnt mit der Auswahl von Abscheidemechanismen für Ölnebel. Unter Berücksichtigung der technischen Anforderungen an einen Ölabscheider für Entlüftungsöffnungen drucklufttechnischer Anlagen ist die Verwendung der Drallabscheidung vorteilhaft.

Die Teilchenbewegung und die Teilchenabscheidung in Drallströmungen wird in Abschnitt 6.2 zunächst theoretisch dargelegt. Daran schließen Untersuchungen zur Ölnebelabscheidung in Drallabscheidern an. Es werden sowohl stationäre Strömungen (Abschnitt 6.3.2) als auch instationäre Entlüftungsvorgänge (Abschnitt 6.4) untersucht. Als wesentliche Einflußgrößen auf den Abscheidewirkungsgrad ergeben sich die Länge der Drallstrecke sowie die freie Fläche bzw. der Steigungswinkel des Drallkörpers.

Die Ergebnisse der experimentellen Untersuchungen werden mit theoretisch errechneten Werten verglichen ("Zyklontheorie"). Es gelingt dabei, abzuleiten, daß es möglich ist, auch bei Drallabscheidern mit kleinen theoretischen Grenzteilchendurchmessern den Abscheidewirkungsgrad nach dieser Theorie abzuschätzen.

Den Abschluß der Untersuchungen bildet der Entwurf eines Prototyps zur Ölabscheidung an Entlüftungsöffnungen drucklufttechnischer Anlagen. Bei Messungen an einem Wegeventil wird die Eignung im praktischen Betrieb nachgewiesen.

Schrifttum

/1/ Ziesling, K.: Druckluftnetz, Erzeugung - Verteilung - Verbrauch. Mainz: Krausskopf 1973.

/2/ Druckluftbeölung - immer noch ein Problem? Ölhydraulik und Pneumatik 19 (1975) Nr. 3, S. 150...152.

/3/ Dewes, H.-O.: Schmierzukunft Öl-Luftschmierung. mav (1975) Nr. 8, S. 58...59.

/4/ Jakubaschke, O.: Grundlagen der Pneumatik. Mainz: Krausskopf 1978.

/5/ Wagner, W.; Wright, P.; Stockinger, H.: Inhalation toxicology of oil mists, I.: Chronic effects of white mineral oil. Am. Ind. Hyg. Ass. J. 25 (1974) Nr. 3/4, S.158...168.

/6/ Ray, E.M.: Sampling and determination by ultraviolet absorbtion of oil mists and solvent vapors. Am.Ind. Hyg. Ass. J. 31 (1970) Nr. 4, S. 472...478.

/7/ Jäckel, P.; u.a.: Mineralölnebel - Entstehungsursachen, physikalische Eigenschaften, toxikologische Wirkungen, Beseitigungsmöglichkeiten und meßtechnische Erfassung in der metallverarbeitenden Industrie (Teil 1 und 2). Fertigungstechnik und Betrieb 24 (1974) Nr. 8, S. 460...463 und Nr. 9, S. 556...559.

/8/ Zorn, A.: Zur Frage der Toxizität von Ölaerosol.- Freiburg, Albert-Ludwigs-Universität, Dr.-med.-Diss. 1978.

/9/ Drasche, H. u.a.: Arbeitsmedizinische Erhebungen bei ölnebelexponierten Personen. Zentralblatt für Arbeitsmedizin und Arbeitsschutz 24 (1974) Nr. 10, S. 305...312.

/10/ Christ, E.: Geräuschminderung an pneumatischen Anlagen. Forschungsbericht aus dem Berufsgenossenschaftlichen Institut für Lärmbekämpfung bei der Süddeutschen Eisen- und Stahl-Berufsgenossenschaft Mainz 1974.

/11/ Gloeckner, M.H.: Lärmprobleme bei der Verwendung von Druckluft. In: VDI-Berichte Nr. 81. Düsseldorf: VDI-Verlag 1964, S. 43...49.

/12/ Gueng, W.: Ein Beitrag zur Verbesserung der Umwelt im Bereich von druckluftbetriebenen Maschinen und Anlagen. Ölhydraulik und Pneumatik 2 (1976) Nr. 3, S. 330...352

/13/ Mikutta: Untersuchungen an Schalldämpfern für Pneumatikanlagen. Techn. Informationsdienst ORSTA-Hydraulik (1976) Nr. 2, S. 171...176.

/14/ Licka, M.: Druckluftreinigungsgeräte schützen auch vor Ölnebel in der Atmosphäre. Maschinenmarkt 82 (1976) Nr. 25, S. 406...408.

/15/ Kiessling, W.-D., Köhnlechner, R.J.: Verminderung umweltbelastender Emissionen bei pneumatischen Anlagen. wt-Zeitschrift für industrielle Fertigung 67 (1977) Nr. 11, S. 677...682.

/16/ Gueng, W.: Pneumatische und hydropneumatische Steuerungstechnik. Die Blaue TR-Reihe. Bern: Hallwag 1976.

/17/ DIN 24 341 Blatt 2. Pneumatik-Ventile. Januar 1974.

/18/ Gießelmann, K.: Entwicklung eines Filterschalldämpfers - Schalltechnische Untersuchungen. Unveröffentlichter Forschungsbericht aus dem Fraunhofer-Institut für Bauphysik. Stuttgart 1980.

/19/ Köhnlechner, R.J.: Bestimmung kleinster Schmiermittelmengen in pneumatischen Anlagen. Industrie-Anzeiger 98 (1976) Nr. 87, S. 1548...1549.

/20/ Allen, T.: Particle size measurement. London: Chapman and Hall 1968.

/21/ Malissa, H.: Analysis of airborne particles by physical methods. West Palm Beach: CRC Press 1978.

/22/ Mie, G.: Beiträge zur Optik trüber Medien, speziell kolloidaler Metall-Lösungen. Annalen der Physik. 25 (1908) 3, S. 377...445.

/23/ Broßmann, R.: Die Lichtstreuung an kleinen Teilchen als Grundlage einer Teilchengrößenbestimmung. Karlsruhe, Techn. Hochschule, Dr.-Ing.-Diss. vom 19.7.1966.

/24/ Quenzel, H.: Influence of refractive index on the accuracy of size determination of aerosol particles with light-scattering aerosol counters. Applied Optics 8 (1969) Nr. 1, S. 165...169.

/25/ Partikelgrößenanalysator HC 15. - Betriebsanleitung. Firmenschrift: Fa. H. Gertsch, Zürich.

/26/ Sittel, P.: Methoden der Ölnebelerzeugung und -vermessung. Buchreihe "Ölhydraulik und Pneumatik" Bd. 11. Mainz: Krausskopf 1970. Stuttgart, Universität, Dr.-Ing.-Diss. vom 7.7.1970.

/27/ Bol, J.: Erfassung und Untersuchung kolloider Luft- und Abwasserverunreinigungen durch Streulichtmessung. Batelle Informationen (1969) Nr. 5, S. 23...29.

/28/ Wankmüller, H.: Erstellen eines Rechnerprogramms zur Auswertung von Teilchengrößenanalysen. Stuttgart, Universität, Institut für Industrielle Fertigung und Fabrikbetrieb, Studienarbeit vom 24.2.1978.

/29/ Batel, W.: Einführung in die Korngrößenmeßtechnik. 3. Aufl. Berlin, Heidelberg, New York: Springer 1971.

/30/ Leschonski, K.; Johne, R.: Einführung in die Korngrößenanalyse. Informationsdienst der Arbeitsgemeinschaft für Pharamzeutische Verfahrenstechnik (A.P.V.) 12 (1966) Nr. 1/2, S. 1...82.

/31/ Leschonski, K.; Alex, W.; Koglin, B.: Teilchengrößenanalyse. Chemie-Ing.-Technik 46 (1974) Nr. 1, S. 23...26; Nr. 3, S. 101...106; Nr. 7, S. 289...292; Nr. 9, S. 387...390; Nr. 11, S. 477...480; Nr. 13, S. 563...566; Nr. 15, S.641 ...644; Nr. 17, S. 729...732; Nr. 19, S. 821...824; Nr. 21, S. 901...904; Nr. 23, S. 984...987; 47 (1975) Nr. 1, S.21 ...24; Nr. 3, S. 97...100.

/32/ Hesketh, H.E.: Fine particles in gaseous media. Ann Arbor: Ann Arbor Science Publishers 1977.

/33/ Pahl, M.H.: Systematische Variation von Teilchengrößen-Verteilung zur Untersuchung verfahrenstechnischer Gesetzmäßigkeiten. Verfahrenstechnik 8 (1974) Nr. 1, S.13...20.

/34/ Petroll, J.: Eine Gruppe von Korngrößenverteilungsfunktionen. Staub - Reinhalt. Luft 36 (1976) Nr. 5, S. 189...195.

/35/ Petroll, J.: Rechnerischer Vergleich gebräuchlicher Korngrößenverteilungsfunktionen. Staub - Reinhalt. Luft 36 (1976) Nr. 11, S. 448...452.

/36/ Petroll, J.: Grafischer Vergleich von Korngrößenverteilungen. Staub - Einhalt. Luft 37 (1977) Nr. 1, S. 1...6.

/37/ Rammler, E.; Bahr, A.: Zur Ermittlung der spezifischen Oberfläche von Korngrößenverteilungen. Verfahrenstechnik 5 (1971) Nr. 12, S. 483...491; 6 (1972) Nr. 9, S. 312...320; 7 (1973) Nr. 9, S. 273...279.

/38/ Rammler, E.; Bahr, A.: Korngrößenverteilung. Chem. Techn. 24 (1972) Nr. 6, S. 345...351; Nr. 12, S. 738...743.

/39/ Tarjan, G.: A contribution to particle size distribution functions. Powder Technology 10 (1974) S. 73...77.

/40/ DIN 66 141. Darstellung von Korn-(Teilchen-)größenverteilungen. Feb. 1974.

/41/ DIN 66 142 Teil 1 und 2 (Entw.). Darstellung und Kennzeichnung von Trennungen disperser Systeme. Sept. 1977.

/42/ DIN 66 143. Potenznetz. März 1974.

/43/ DIN 66 144. Logarithmisches Normalverteilungsnetz. März 1974.

/44/ DIN 66 145. RRSB-Netz April 1976.

/45/ Wankmüller, H.: Zerlegung von realen (gemessenen) Teilchengrößenverteilungen in einfache Verteilung mittels EDV. 1979. - Stuttgart, Universität, Institut für Industrielle Fertigung und Fabrikbetrieb, Diplomarbeit vom 9.4.1979.

/46/ Berglund, R.N.; Liu, B.Y.H.: Generation of monodisperse aerosol standards. Environmental Science and Technology 7 (1973) S. 147...153.

/47/ VDI 3491 Blatt 3 (Entwurf). Messen von Partikeln - Herstellung von Latex-Aerosolen unter Verwendung von Düsenzerstäubern. Januar 1979.

/48/ Schwebstoffilter-Medien für Meßzwecke. Firmenschrift: DELBAG, Sonder-Druckschrift 061/M, Ausgabe Januar 1976.

/49/ Brauer, H.: Grundlagen der Einphasen- und Mehrpasenströmungen, Aarau: Sauerländer 1971.

/50/ Nukiyama, S.; Tanasawa, S.: An experiment on the atomization of liquid. Trans. Soc. Mech. Eng. (Japan) 5 (1939) S. 1...4.

/51/ Hege, H.: Flüssigkeitsauflösung durch Schleuderscheiben. Chemie - Ing. - Techn. 36 (1964) Nr. 1, S. 52...59.

/52/ Laudin, K.: Zur Düsenzerstäubung und Impaktionsabscheidung in Preßluftdüsenverneblern. Z.phys. Chemie 246 (1971) Nr. 3/4, S. 161...167.

/53/ Grupinski, L.: Ölkonzentrationsmessungen in der Raumluft von Arbeitsräumen; Arbeitsschutz (1972) Nr. 1, S. 12...17.

/54/ Muno, H.: Das Transportverhalten von Ölnebel in pneumatischen Verteilersystemen. Buchreihe "Ölhydraulik und Pneumatik" Bd. 20. Mainz: Krausskopf 1973 - Stuttgart, Universität, Dr.-Ing.-Diss. v. 9.7.1973.

/55/ Anderson, R.J.; Russell, T.W.: Film formation in two-phase annular flow. A.I.Ch.E. Journal 16 (1970) Nr. 4, S. 626 ...633.

/56/ Gill, L.E.; Hewitt, G.F.; Larey, P.M.: Sampling probe studies of the gas core in annular two-phase flow - II Studies of the effect of phase flow rates on phase and velocity distribution. Chemical Engineering Sci. 19 (1964) Nr. 9, S. 665...682.

/57/ Cousins, L.B.; Denton, W.H.; Hewitt, G.F.: Liquid mass transfer in annular two-phase flow. Symp. Two-Phase Flow, Exeter, June 1965, C 4, S. 401...430.

/58/ Cousins, L.B.; Hewitt, G.F.: Liquid phase mass transfer in annular two-phase flow: Droplet deposition and liquid entrainment. AERE - R - 5657 (1968).

/59/ Namie, S.; Ueda, T.: Droplet transfer in two-phase annular mist flow. Part 1: Experiment of droplet transfer rate and distributions of droplet concentration and velocity. Bull. of the ISME 15 (1972) Nr. 90, S. 1568...1580.

/60/ Feind, K.: Strömungsuntersuchungen bei Gegenstrom von Rieselfilmen und Gas in lotrechten Rohren. VDI-Forschungsheft 481. Düsseldorf: VDI-Verlag 1960.

/61/ Kriegel, E.: Berechnung von Zweiphasenströmungen von Gas/Flüssigkeits-Systemen in Rohren. Chemie - Ing. - Techn. 39 (1967) Nr. 22, S. 1267...1274.

/62/ Gerhart, K.: Die Dicke von Rieselfilmen im gasdurchströmten Rohr. Verfahrenstechnik 7 (1973) Nr. 2, S. 40...43.

/63/ Beschkov, V.; Boyadjiev, Chr.: Effect of surfactants on the flow of falling liquid films. The Chemical Engineering Journal 14 (1977) S. 1...6.

/64/ Blaß, E.: Gas/Film-Strömung in Rohren. Chem.-Ing.-Techn. 49 (1977) Nr. 2, S. 95...105.

/65/ Quandt, E.R.: Measurement of some basic parameters in two-phase annular flow. A.I.Ch. E. Journal 11 (1965) Nr. 2, S. 311-318.

/66/ Tanner, C.H.; Blows, L.G.: A study of the motion of oil films on surfaces in air flow with application to the measurement of skin friction. Journal of Physics, E: Scientific Instruments 9 (1976) S. 194...202.

/67/ Schlichting, H.: Grenzschicht-Theorie. 5. Aufl. Karlsruhe: G. Braun 1965.

/68/ Wallis, G.B. Annular two-phase flow. Journal of Basic Engineering (1970) März, S. 59...82.

/69/ Batel, W.: Entstaubungstechnik. Berlin, Heidelberg, New York: Springer 1972.

/70/ Schiebeler, W.: Luftströmungen mit Drall im Kreisrohr hinter radialem Leitapparat. Mitteilungen aus dem Max-Planck-Institut für Strömungsforschung. Göttingen 1955.

/71/ Senoo, Y.; Nagata, T.: Swirl flow in long pipes with different roughness. Bulletin of the ISME 15 (1972) Nr. 90, S. 1514...1521.

/72/ Atagündüz, G.: Experimentelle Untersuchungen über Drallströmung in einem Rohr. Izmir: Ege Universitesi Mühendislik Bilimleri Fakültesi Yaym Nr. 5, 1975.

/73/ Atagündüz, G.: Experimental and theoretical investigations on swirl flow. Izmir: Ege Universitesi Mühendislik Bilimleri Fakültesi Yaym Nr. 14, 1976.

/74/ Weber, E.: Die Abtrennung von Feststoffteilchen aus Gasen durch Massenkräfte. Verfahrenstechnik 3 (1969) Nr. 2, S. 51...58.

/75/ Batel, W.: Entwicklungsstand und -tendenzen bei Fliehkraftentstaubern. Staub - Einhalt. Luft 32 (1972) Nr. 9, S. 349...353.

/76/ Mühle, J.: Untersuchung von Partikelbahnen in Drehströmungen. Chemie - Ing.-Techn. 43 (1971) Nr. 21, S. 1158... 1168.

/77/ Barth, W.: Berechnung und Auslegung von Zyklonabscheidern auf Grund neuerer Untersuchungen. Brennstoff-Wärme-Kraft 8 (1956) Nr. 1, S. 1...9.

/78/ Muschelknautz, E.; Krambrock, W.: Aerodynamische Beiwerte des Zyklonabscheiders auf Grund neuer und verbesserter Messungen. Chemie-Ing.-Techn. 42 (1970) Nr. 5, S. 247...255.

/79/ Muschelknautz, E.: Die Berechnung von Zyklonabscheidern für Gase. Chemie-Ing.-Techn. 44 (1972) Nr. 1/2, S. 63...71.

/80/ Riquarts, H.-P.: Untersuchung einer feststoffbeladenen Drallströmung. Verfahrenstechnik 11 (1977) Nr. 6, S.368... 371.

/81/ Hejma, J.: Einfluß der Turbulenz auf den Abscheidevorgang in Zyklon. Staub - Reinhalt. Luft 31 (1971) Nr. 7, S. 290...295.

/82/ Leineweber, L.: Beurteilung und Berechnung von Zyklonabscheidern. Aufbereitungstechnik (1966) Nr. 5, S.249...256.

/83/ Wiedemer, K.: Fliehkraftabscheider für Nebel. Maschinenmarkt 76 (1970) Nr. 29, S. 566...570.

/84/ Bürkholz,A.: Zyklone als Abscheider für Nebeltröpfchen. Staub - Reinhalt.Luft 38 (1978) Nr. 6, S. 211...215.

/85/ Truckenbrodt, E.: Strömungsmechanik - Grundlagen und technische Anwendung. Berlin, Heidelberg, New York: Springer 1968.

IPA Forschung und Praxis

Schriftenreihe aus dem Institut für Produktionstechnik und Automatisierung, Stuttgart

Herausgeber: Prof. Dr.-Ing. H. J. Warnecke

Datenerfassung im Produktionsbereich
Von E. Bendeich. ISBN 3-7830-0117-8.
1977, 176 Seiten, kartoniert. 54,— DM

Methodenauswahl für die Materialbewirtschaftung in Maschinenbau-Betrieben
Von H. Graf. ISBN 3-7830-0136-6.
1977, 144 Seiten, kartoniert. 54,— DM

Systematische Auswahl von Förderhilfsmitteln für den innerbetrieblichen Materialfluß
Von W. Rau. ISBN 3-7830-0139-0.
1977, 103 Seiten, kartoniert. 40,— DM

Grundlagen zur Planung von Ersatzteilfertigungen
Von E. Schulz. ISBN 3-7830-0138-2.
1977, 98 Seiten, kartoniert. 40,— DM

Rechnerunterstützte Fabrikplanung
Von B. Minten. ISBN 3-7830-0116-1.
1977, 124 Seiten, kartoniert. 38,— DM

Eine Planungsmethode für automatische Montagesysteme
Von H.-G. Löhr. ISBN 3-7830-0120-X.
1977, 108 Seiten, kartoniert. 32,— DM

Planung und Bewertung von Arbeitssystemen in der Montage
Von H. Metzger. ISBN 3-7830-0131-5.
1977, 108 Seiten, kartoniert. 40,— DM

Klassifizierungssystem für Prüfmittel der industriellen Längenprüftechnik
Von R. Czetto. ISBN 3-7830-0144-7.
1978, 181 Seiten, kartoniert. 64,— DM

Rechnerunterstützte Montageplanung
Von O. Hirschbach. ISBN 3-7830-0149-8.
1978, 146 Seiten, kartoniert. 52,— DM

Rechnerunterstützte Entwicklung von Simulationsmodellen für Unternehmensplanspiele
Von A. Moker. ISBN 3-7830-0147-1.
1978, 181 Seiten, kartoniert. 64,— DM

Arbeitsplatzanalysen zur Ermittlung der Einsatzmöglichkeiten und Anforderungen an Industrieroboter
Von G. Herrmann. ISBN 37830-0151-X.
1978, 113 Seiten, kartoniert. 40,— DM

MFSP — Ein Verfahren zur Simulation komplexer Materialflußsysteme
Von G. Stemmer. ISBN 3-7830-0118-8.
1977, 140 Seiten, kartoniert. 60,— DM

Berührungslose Erkennung durch Positionsbestimmung von Objekten durch inkohärent-optische Korrelation
Von M. König. ISBN 3-7830-0137-4.
1077, 110 Seiten, kartoniert. 40,— DM

Auslegung von Störungspuffern in kapitalintensiven Fertigungslinien
Von R. v. Stetten. ISBN 3-7830-0140-4.
1977, 154 Seiten, kartoniert. 56,— DM

Flexible Transportablaufsteuerung
Von G. Römer. ISBN 3-7830-0114-5.
1977, 188 Seiten, kartoniert. 60,— DM

Rechnergestützte Realplanung von Fabrikanlagen
Von T.-K. Sauter. ISBN 3-7830-0119-6.
1977, 108 Seiten, kartoniert. 32,— DM

Systematisches Auswählen und Konzipieren von programmierbaren Handhabungsgeräten
Von R. D. Schraft. ISBN 3-7830-0115-3.
1977, 108 Seiten, kartoniert. 32,— DM

Auslandsproduktion
Von W. Cypris. ISBN 3-7830-0145-5.
1978, 126 Seiten, kartoniert. 42,— DM

Wirtschaftlicher Einsatz von Mehrkoordinatenmeßgeräten
Von M. Dietzsch. ISBN 3-7830-0148-X.
1978, 142 Seiten, kartoniert. 52,— DM

Fertigungssteuerung bei flexiblen Arbeitsstrukturen
Von K.-G. Lederer. ISBN 3-7830-0146-3.
1978, 128 Seiten, kartoniert. 42,— DM

Untersuchungen zum Polieren und Entgraten durch elektrochemisches Oberflächenabtragen
Von K. Zerweck. ISBN 3-7830-0150-1.
1978, 110 Seiten, kartoniert. 40,— DM

Stufenweise Ableitung eines praktischen Planungssystems für den Entwicklungsbereich
Von R. Hichert. ISBN 3-7830-0149-8.
1978, 151 Seiten, kartoniert. 52,— DM

Produktionsplanung mit Auftragsfamilien
Von U. W. Geitner. ISBN 3-7830-0161.7.
1979, 110 Seiten, kartoniert. 45,— DM

Thermisch-chemisches Entgraten
Von T. Wagner. ISBN 3-7830-0164-1.
1979, 111 Seiten, kartoniert. 45,— DM

Untersuchung der Materialflußkosten bei ausgewählten Systemen der Zentralen Arbeitsverteilung
Von R. Wenzel. ISBN 3-7830-0162-5.
1979, 168 Seiten, kartoniert. 86,— DM

Anpassung und Einführung eines Planungssystems für die Ablaufplanung im Konstruktionsbereich
Von W. Dangelmaier. ISBN 3-7830-0163-3.
1979, 168 Seiten, kartoniert. 80,— DM

Längenmessungen an bewegten Teilen mit berührungslos wirkenden Aufnehmern
Von H. Lang. ISBN 3-7830-0157-9.
1979, 89 Seiten, kartoniert. 42,— DM

Untersuchung multistabiler Strömungselemente und ihr Einsatz in sequentiellen Steuerungen
Von A. Ernst. ISBN 3-7830-0157-9.
1979, 122 Seiten, kartoniert. 48,— DM

Taktile Sensoren für programmierbare Handhabungsgeräte
Von M. Schweizer. ISBN 3-7830-0158-7.
1979, 91 Seiten, kartoniert. 42,— DM

Die rechnerunterstützte Prüfplanung
Von P. Bläsing. ISBN 3-7830-0152-8.
1979, 100 Seiten, kartoniert. 44,— DM

Verfahren zur Fabrikplanung im Mensch-Rechner-Dialog am Bildschirm
Von W. Ernst. ISBN 3-7830-0156-0.
1979, 218 Seiten, kartoniert. 72,— DM

Rechnerunterstütztes Verfahren zur Leistungsabstimmung von Mehrmodell-Montagesystemen
Von M. Görke. ISBN 3-7830-0155-2.
1979, 139 Seiten, kartoniert. 50,— DM

Standortbezogene Betriebsmittel
Von G. Pflieger. ISBN 3-7830-0167-6.
1979, 127 Seiten, kartoniert. 52,— DM

Die betriebswirtschaftliche Beurteilung neuer Arbeitsformen
Von B.-H. Zippe. ISBN 3-7830-0168-4.
1979, 350 Seiten, kartoniert. 98,— DM

Untersuchung des Arbeitsverhaltens programmierbarer Handhabungsgeräte
Von B. Brodbeck. ISBN 3-7830-0169-2.
1979, 117 Seiten, kartoniert. 48,— DM

Untersuchung eines kohärent-optischen Verfahrens zur Rauheitsmessung
Von N. Rau. ISBN 3-7830-0174-9.
1979, 117 Seiten, kartoniert. 48,— DM

Entwicklung einer programmierbaren, pneumatischen Steuerung
Von D. Klemenz. ISBN 3-7830-0171-4.
1979, 93 Seiten, kartoniert. 42,— DM